BEAUTY ILLUSTRATION

뷰티 일러스트레이션

한지수

경춘사

BEAUTY
ILLUSTRATION

Preface

책을 내면서

메이크업은 미적인 시각예술로 표현되어지는 고부가가치 디자인이다. 그 중 뷰티일러스트는 뷰티디자인의 아이디어를 시각화하는 작업으로 아티스트가 가져야 할 기본적인 표현양식이다. 뷰티일러스트는 이론적 바탕을 배경으로 반복된 실기연습을 통해 숙달되어지며, 전문성과 기능성을 갖추어야 한다. 또한 뷰티 일러스트는 독립적인 예술로 승화 시킬 수 있는 매력적인 분야이다.

이 책은 뷰티일러스트레이션을 처음 배우는 입문자에게는 일러스트레이션의 기초단계인 선과 면, 도구와 재료를 이해하여 효과적으로 사용하는 방법과 주제와 이미지에 따른 작품 예시로 이해력을 높일 수 있도록 하였다. 창의적이고 완성도 높은 작품을 그리기 위해선 색과 형, 이미지 등을 시각적으로 표현 할 수 있는 감각을 키울 수 있도록 기초 지식이 바탕이 되어야 한다.

이 책을 통해 예술적인 뷰티 일러스트레이션 작업 뿐 아니라 다양한 얼굴의 형태, 이미지, 메이크업 테마를 여러 가지 모양의 눈썹이나 아이라이너, 입술 등의 선 연습, 아이섀도우, 블러셔 등 면에 따른 그라데이션 기법을 통해 다양한 메이크업을 연출하고, Concept에 따른 메이크업을 연습할 수 있다.

즉, 모델의 얼굴에 메이크업을 하기 전 충분한 패턴 연습과 아이디어스케치를 통해 성공적인 메이크업을 실현할 수 있도록 활용 할 수 있다. 창의적이고 표현력이 뛰어난 뷰티 일러스트레이션을 그리기 위해선 첫째, 얼굴과 인체의 정확한 포션을 이해하고 세부묘사를 통해 변형된 이미지를 자유롭게 그릴 수 있어야 한다.

둘째, 테크닉은 반복적인 연습을 통해서 전문성을 갖출 수 있다. 도구를 효과적으로 사용하여 다양한 질감을 표현하는 기법은 심화과정으로 매끄러운 피부의 표현과, 감정이 있는 눈매, 풍부한 얼굴 윤곽 등은 실제의 메이크업에 응용하여 사용 할 수 있도록 표현에 자유로워져야 한다.

셋째, 작가들의 다양한 작품을 통해 그 작품들을 기초로 하여 자신의 모델이미지 얼굴과 패턴북을 만드는 것이 중요하다. 뷰티 일러스트레이션에 그려진 모델의 얼굴표정과 각도, 색상, 질감 모두가 아티스트에 의해 기획되고 디자인되어져야 한다. 따라서 남과 다른 차별화된 나만의 모델을 가진다는 것은 뷰티일러스트레이터의 가장 첫단계가 될 것이다.

이론과 달리 실기는 정답과 정석의 길이 없다. 자신이 노력하는 만큼, 그리고 어떻게 표현하느냐에 따라 결과물이 달라지는 것이다. 이 책은 효과적인 결과물을 표현해 낼 수 있는 과정을 정리하고 예시를 통해 작품을 이해하는 방법을 여러분에게 제시하며, 저자는 이 책을 통해 여러 가지 다양하고 아름다운 뷰티일러스트레이션 작품들이 탄생하여 뷰티 일러스트레이션 또한 하나의 시각적 예술작품으로 성장해 나아가길 희망한다. 또한 이 책이 출간되기 까지 많은 도움을 주신 경춘사, 박진희 교수님, 최지나 바디페인팅, 아뜰리에코리아, 성신여대 학생들 그리고 모든 분들께 마음 깊이 감사드립니다.

한 지 수

Contents

차례

Contents

PART

1

메이크업 일러스트레이션이란?

메이크업 일러스트레이션은 메이크업을 전달하기 위해 얼굴에 색채와 라인을 활용하여 표현하고 좀 더 구체적인 설명을 위해 질감과 헤어스타일, 의상, 악세사리 등을 표현한다. 즉, 모델의 이미지가 표현의 주체가 되는 설명도이다.

메이크업 일러스트를 작가가 원하는 방향으로 표현할 수 있도록 기초적인 디자인을 바탕으로 얼굴의 프로포션을 정확히 익혀 디자인을 효과적으로 전달할 수 있는 방법을 제안하고자 한다.

01 메이크업 일러스트레이션의 이해

1. 메이크업 일러스트레이션

1) 메이크업 일러스트레이션

메이크업 일러스트레이션(Make-up Illustration)이란 메이크업을 주제로 하여 발전된 일러스트레이션의 한 영역으로 그림을 통해 메이크업을 표현하는 것이다. 메이크업 일러스트레이션은 메이크업을 전달하기 위해 얼굴과 헤어, 인체가 표현의 주체가 되는 설명도라는 개념에서 출발한다. 메이크업 일러스트레이션의 가장 큰 장점은 현실에서 또는 사진에서 표현할 수 없는 작가의 내면 세계를 작가의 관점에서 자유롭게 묘사할 수 있다는 것이다.

메이크업 일러스트레이션은 창의적인 아이디어를 통해 자유롭게 표현하고 보는 이에게 정확하게 전달하기 위해서는 기초적이고 기본적인 드로잉 테크닉과 인체에 대한 정확한 이해와 인지가 필요하며 주로 다루어지는 얼굴과 인체는 사실적인 묘사보다는 디자인을 효과적으로 전달하기 위해 다양한 얼굴과 바디의 프로모션이 요구된다. 메이크업을 위해 얼굴의 특정 부분을 과장하거나 생략하기도 하며 얼굴은 사실적인 구조를 기본으로 하여 그 이미지를 더 강하게 표현하기 위해 새롭게 디자인 한다.

메이크업 일러스트레이션은 표현 성격에 따라 크게 디자인화와 이미지화로 나눌 수 있다. 이는 메이크업 디자인에서 의사전달을 위해 실용적인 영역과 예술적인 영역이라고 할 수 있다. 디자인화는 메이크업 구성을 디테일하게 표현하여 알기 쉽게 전달하는 기능적인 측면이 강한 일러스트로써, 구체적인 커뮤니케이션에 초점을 맞춰야 하기 때문에 묘사의 정확성을 요구한다. 이미지화는 커뮤니케이션의 또 다른 방법으로 메이크업 일러스트레이션을 통해, 이미지를 강조하는 예술적인 일러스트로써 정확한 묘사보다는 작가의 개성과 창의력, 생각을 전달하는 것으로 디자인적 의도를 초월한 감상을 감상자로 하여금 할 수 있게 해야 한다.

실용영역과 예술영역 모두에 있어서 메이크업 일러스트레이션의 궁극적인 목적은 새로운 트렌드와 스타일을 창조하며 전달하기 위한 것이라고 할 수 있다.

박찬송

2) 메이크업 일러스트레이션의 조형예술적 특성

■ 예술적 조형성을 갖는다.

독창적이고 뛰어난 메이크업 일러스트레이션은 예술적 조형능력을 통해서 시각적 작품으로 완성된다. 디자인 구성과 발상에 있어서도 참신하고 독특한 아이디어가 필요하나 가장 문제가 되는 것은 높은 수준의 표현테크닉을 통해 대상을 효과적으로 표현해 내는 것이다. 메이크업 일러스트레이션은 예술의 영역에서 메이크업을 효과적으로 표현하는 것으로 표현하고자 하는 대상을 명확하게 관찰하여 효과적으로 전달하는 능력을 필요로 한다. 만약 형태가 부정확하고 표현능력이 미숙하다면 디자인을 명확하게 전달할 수 없고 시각적, 디자인적 감성을 저하시키게 된다. 흔히 표현력이 미흡한 아티스트의 작품이 디자인 감각이 떨어지는 것처럼 보이는 것은 바로 이 때문이다. 따라서 메이크업 일러스트레이션의 시각적인 표현이 능숙해지기 위해서는 인체와 얼굴에 대한 깊은 이해를 기본으로 조형성 있는 작업을 함으로써 감상자의 감성을 일으키도록 하는 표현적 훈련이 매우 중요하다.

■ 메이크업 메시지를 전달한다.

메이크업 메시지는 메이크업 일러스트레이션의 고유한 기능이자 근본적인 목적으로서 디자인 테마, 디자인 포인트 등 표현하고자 하는 메이크업에 담긴 메시지를 전달하는 것이다. 메이크업 메시지를 잘 표현하기 위해서는 색상, 구성, 질감, 디테일 등 메이크업에 관한 이해와 표현 테크닉을 익혀야 한다. 또한 메이크업 메시지는 시대성과 트렌드를 고려하여 인체나 얼굴, 색상, 디자인, 화면구성에 민감하게 반응하여야 한다. 변화하는 시대적 감각과 특성들을 적절하게 적용하고 응용하여 그 시대에 추구하는 새로운 스타일을 전달하는 것이 메이크업 일러스트레이션의 원초적 목적이자 매력이다.

■ 개성과 독창성을 추구한다.

현대사회는 다양한 시각적 이미지가 넘쳐나고 많은 정보들이 노출되고 공유되는 환경으로 메시지의 전달을 위해 보다 강력한 시각적 자극을 주는 독특한 이미지의 필요성이 부각되고 있다. 이는 새로운 표현기법을 통한 작품이 계속해서 발표되어지는 트렌드로 나타나고 있는데 특출하고 독창적인 양식은 시각적 주목성을 높이며 보다 메시지 전달기능성이 뛰어나다. 모든 예술품이 시대성을 반영하는 것과 마찬가지로 현대의 시대적 감각과 감성을 작가 개인의 개성이 넘치는 독창성을 기반으로 작품으로서의 가치를 더하도록 한다. 특히 전문 메이크업 일러스트레이터가 되기 위해서는 이러한 개성과 독창성이 담긴 자신만의 독자적인 모델이미지, 테크닉, 스타일을 개발하고 발전시키는 것이 그 무엇보다 중요하다.

〈프레야 베하 에릭슨〉 색연필 정밀묘사

김소휘

3) 메이크업 일러스트레이션의 기능

메이크업 일러스트레이션은 메이크업에 대한 시각적 아이디어를 표현하거나 메이크업 정보를 공유하기 위해 여러 가지 기능들을 갖고 있다.

■ **시각적인 아이디어를 창출하는 역할**

메이크업 디자인의 아이디어를 시각적으로 실체화시키는 표현도구로서의 기능이다. 아티스트가 메이크업 일러스트레이션을 작업하는 동안 아이디어를 시각화시키는 과정을 통하여 한걸음 더 발전된 디자인 아이디어를 직접적으로 전달 할 수 있다.

■ **트렌드와 이미지를 기록하는 역할**

사진이 발달되기 전, 일러스트레이션은 기록의 목적으로 발전해 온 것이기 때문에 시대적인 사실들을 표현하고 기록하는 고유의 기능을 갖고 있다. 메이크업 일러스트레이션을 통해 빠르게 변화하는 트렌드와 스타일들을 재빠르게 표현하고 기록함으로써 사회적 · 문화적 변화를 기록하는 역사적인 역할을 수행할 수 있다.

■ **메시지를 전달하는 역할**

메이크업 일러스트레이션은 상업적 목적을 내포하고 다양한 매체를 통해 다수에게 메이크업 메시지를 전달한다는 목적으로 그려진다. 그에 따라 특성과 목적에 맞는 비주얼 커뮤니케이션의 역할을 갖는다.

■ **객관적인 설명을 전달하는 역할**

메이크업 일러스트레이션은 표현하고자 하는 대상물을 모호한 언어보다 좀 더 구체적인 시각적 표현으로 이미지와 색을 객관적으로 표현하고 설명하는 역할을 수행하고 있다.

작업 방법

1. 연필을 사용한 소묘 작업
2. 아크릴 물감으로 채색
3. 신문지를 사용한 콜라쥬 기법
4. 여러가지 색실로 머리카락의 디테일을 표현

최주희

4) 메이크업 일러스트레이션의 사용분야

■ 디자인 스케치

메이크업 디자인은 드로잉을 기본으로 하고 있으며 아티스트의 손으로 그려낸 스케치로 현실화되는데 이 디자인 스케치야말로 메이크업 아티스트의 창의적인 결과물이다. 메이크업 아티스트가 구상하고 있는 디자인적 영감 또는 발상 아이디어를 개략적으로 설명하거나, 디테일하게 표현하는 창작방법으로서의 가치를 갖는다.

■ 메이크업 전문지, 트렌드지 등의 매체

메이크업 전문지나 트렌드지 같은 경우, 메이크업의 경향을 시각적인 정보를 통해 제시하는 것을 가장 주요한 목적으로 하고 있다. 따라서 세부적인 디테일들과 질감의 표현을 명확하게 표현해주어야 한다. 메이크업 일러스트는 메이크업 전문지와 패션관련 잡지들을 통해 정보를 전달하고 있으며 사진이 보급된 후에도 꾸준히 시각적인 정보를 전달할 때 사용 되어지고 있다.

■ 커뮤니케이션을 위한 작업지시서

메이크업 일러스트레이션은 작가의 디자인 아이디어를 독자나 작가 등 제3자에게 전달하는 기능이 있다. 작업 지시서는 칼라나 질감, 사용한 제품, 브러쉬 종류 등 메이크업을 진행하는데 있어 필요한 설명들을 첨삭한다. 기획한 아이디어를 실질적인 작업을 통해 기대한 결과물을 완성하기 위해 꼭 필요한 작업으로 여러 아티스트와 함께 많은 모델들의 메이크업을 진행 시키거나 다른 아티스트에게 메이크업의 실질적인 이행을 맡길 경우 사용된다.

■ 판매촉진 분야

광고, 카탈로그, 포스터 등에서 광고의 효과를 극대화하기 위해서 그 광고의 컨셉을 잘 표현할 수 있는 메이크업 일러스트레이션을 활용하기도 한다. 판촉물의 성격과 광고의 컨셉에 잘 어울리도록 하기 위해서 테크닉이나 구성을 보다 신중하고 효과적으로 조화시켜야 한다.

■ 메이크업 작품 발표

메이크업 일러스트레이션은 메이크업 아티스트들이나 일부 패션 일러스트레이터 작가들에 의해 발표되고 있다. 일러스트 작품처럼 메이크업 일러스트도 조형성과 예술성을 인정 받아 하나의 시각예술의 장르로 발전해 나아가고 있다.

안정민

신명선

2. 기초연습

1) 점, 선, 면

(1) 점

형태를 지각하는 최소의 단위로서 더는 나눌 수 없고 위치만을 나타내며, 크기나 방향은 존재하지 않는다. 크기가 커지면서 면으로 인식된다. 그러나 점이 방향성을 가지고 모여 있으면 선이 주는 이미지를 나타낼 수 있다.

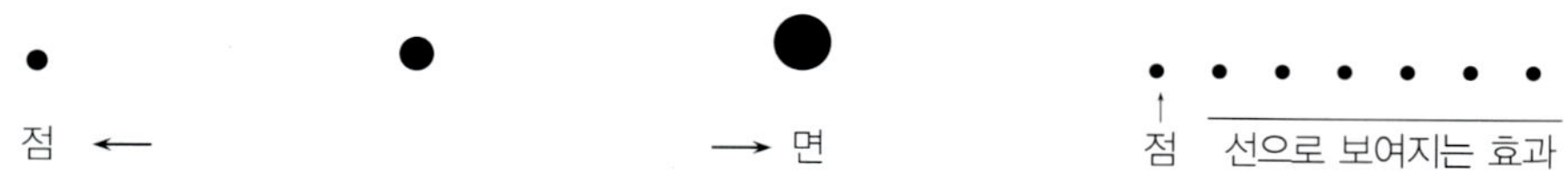

(2) 선

선은 두께나 선의 질감에 따라 다양한 이미지를 내포한다. 여기에서의 선은 폭과 두께는 제외하고 길이와 방향을 나타낼때 보여지는 이미지는 다음과 같다. 선은 면을 구성하는 기본 요소가 되며 뷰티메이크업은 모델의 이미지를 선과 색을 이용하여 연출할 수 있기 때문에 선이 주는 이미지를 고려하여 연출하여야 한다.

구분	선	이미지
수평선		평온, 평화, 정지, 지루함, 무한함, 정적인 느낌
수직선		희망, 상승, 권위, 숭고함, 지성적 느낌
상향선		날카로움, 도전, 미래지향적, 움직임, 방향성 제시
하향선		우울함, 차분함, 움직임, 방향성 제시
사선		운동감, 속도감, 예민함, 불안한 느낌
기하학적인 선		딱딱하고 기계적, 긴장감
곡선		부드러움, 완만함
자유곡선		여성적, 자유분방, 무질서

(3) 면

2차원적인 요소로 점의 확대나 선이 이동한 자취, 넓이는 존재하지만 두께는 없다. 입체를 생성하는 기본적인 요소가 되며 질감, 원근감, 컬러 등을 표현할 수 있으며 면이 클수록 진출의 느낌이 있으며 면이 작을수록 후퇴의 느낌이 강하다.

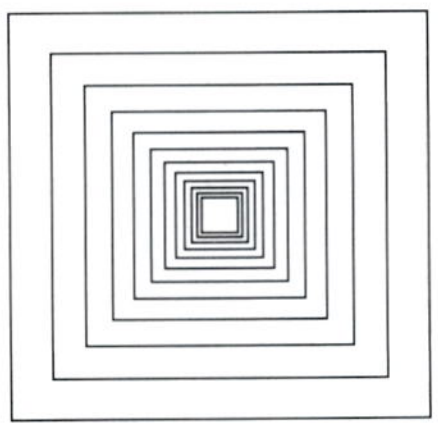

면의 크기에 따른 원근감

색상에 따른 이미지

질감 표현

2) 선 연습 – 연필을 사용하여 선과 명암 표현 연습하기

직선과 곡선 그리기

얼굴을 비롯한 인체는 대부분 곡선으로 이루어져 있다. 인체는 곡선으로 이루어져 있는 3차원 입체이므로 이러한 형태를 섬세하게 표현하기 위해서는 연필을 이용하여 선 긋는 연습부터 해야 한다.
연필을 사용하여 손에 힘을 주어서 그리기도 하고 힘을 빼서 그리기도 하면서 연한선과 진한선, 곡선과 직선, 사선과 수직 등을 연습해야 한다. 이는 모두 인체의 입체감 표현, 인체의 기울기와 움직임에 따른 무게의 이동과 중심의 이동, 균형 등을 표현하는데 도움이 된다. 생동감 있는 인체를 자유롭게 표현해내기 위해서는 필수적인 과정이다.
연습을 꾸준히 하다보면 연필을 자유롭게 다룰 수도 있으며 그에 따라 손의 유연성도 길러지며 다른 도구를 사용하여 그렸을 때도 비교적 쉽게 시작할 수 있다. 연습을 거듭할수록 점차 인체는 입체감과 자연스러움을 지니게 될 것이다.
가장 기초적인 선 연습을 통해 자유로운 선 표현이 가능해지며, 또한 이 훈련을 여러가지 재료를 통해 표현하면 새로운 결과물을 얻을 수 있다. 예를 들어, 다양한 종류의 연필, 볼펜, 목탄, 마카, 붓 등을 이용하여 자유로운 표현을 시도할 수 있다.

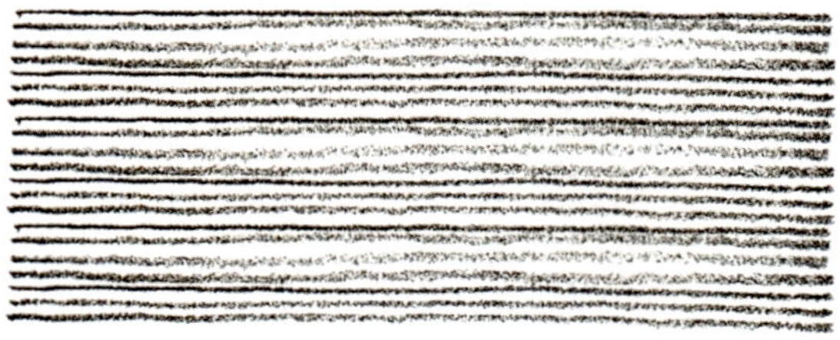

수평선 연습
길이와 간격을 맞추어 그리는 연습.

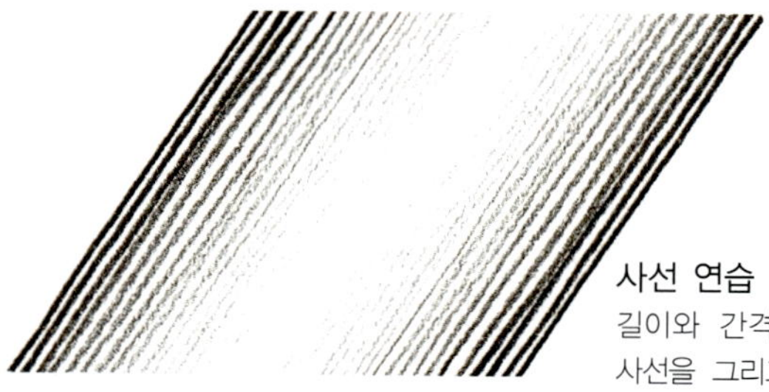

사선 연습
길이와 간격을 맞추어 사선을 그리고 힘 조절을 통해 진한선과 흐린선을 그리는 연습.

수직선 연습
수직선에서 진한선과 어두운선을 그릴 수 있도록 연습.

곡선 연습
일정한 간격의 곡선을 명암 조절을 해서 그리면 웨이브 헤어를 연출할때 응용하여 사용.

3) 분할 연습

눈의 감각을 사용하여 선과 면을 나누는 연습을 한다. 이는 자가 없이 정확한 비례로 그림을 그리기 위해 하는 연습이다.

임의로 선을 나누는 연습은 시각적 공간 감각을 발달시키는 훈련 방식으로 수직선과 수평선, 사선을 그린 후 2, 3, 4, 5등분 해 보면서 비례감을 익히도록 한다. 등분 수뿐 아니라 다양한 형태 안에서 균일한 등분을 시도해 본다.

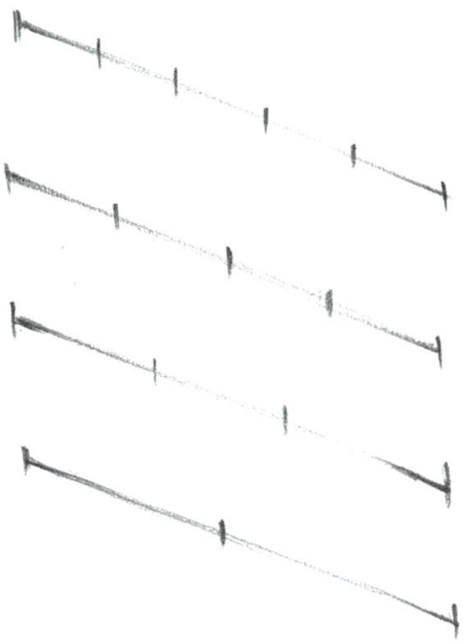

선분할 연습(2 · 3 · 4 · 5등분)

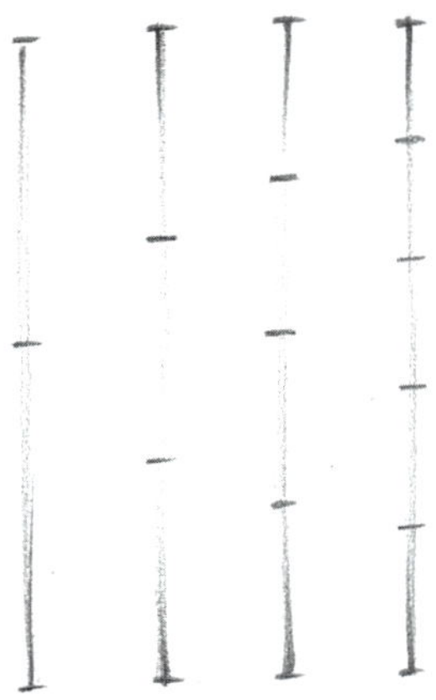

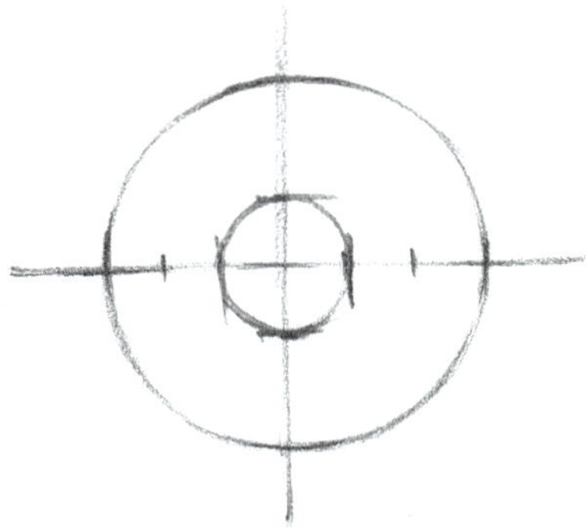

점원 그리는 연습과 등분

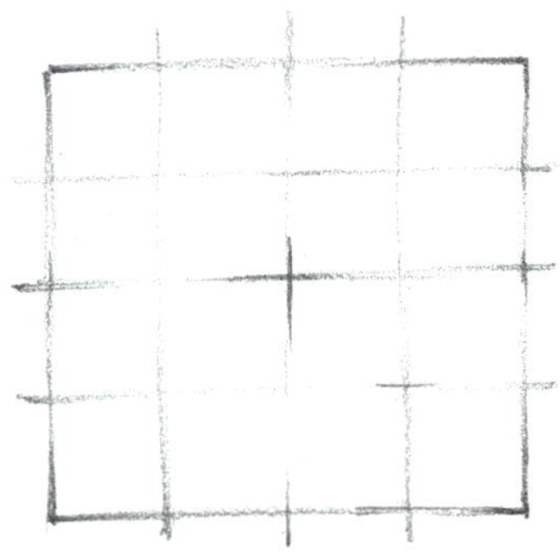

면 분할을 통해 공간 감각을 익히도록 한다.

4) 명암 연습

일정한 방향의 빛이 물체에 닿으면 어두운 부분과 밝은 부분이 생기는데 이를 명암이라고 한다. 빛의 각도에 따라 각각 다른 톤을 갖게 되며 물체를 3D로 표현하는데 있어 매우 중요한 역할을 한다. 같은 면이라고 해도 빛의 각도와 위치에 따라서 밝은 부분, 중간 부분, 어두운 부분 등으로 나뉘며 서서히 변화하는 명암에 따라서 원근감과 입체감이 나타나게 된다.

인체는 매우 복잡한 입체물로 빛으로 인한 명암이 매우 중요하다. 메이크업 일러스트레이션의 평면 작업에서 인체의 입체감을 표현하기 위해서는 명확하고 섬세한 명암을 넣어 주는 것이 인체를 더욱더 실감나게 표현하는 테크닉이라고 할 수 있겠다.

무채색(Neutral)의 단계적 표현

선묘기법	단계	단계적 기법	그라데이션 기법
	1단계		
	2단계		
	3단계		
	4단계		
	5단계		
	6단계		
	7단계		
	8단계		
	9단계		

Tip. 선묘 기법의 명암단계 표현

- 1에서 9까지의 명암 단계를 연필을 이용하여 표현하기 위해 자를 대고 한 칸의 크기를 동일하게 정해 9칸을 그린다.
- 1에서 9단계까지 같은 방향으로 연필을 움직이며 채워 나간다. 어두운 명도까지 채워나갈 것을 고려하여 가장 약한 강도부터 그려나간다.
- 2에서 9단계까지 같은 밝기로 한 번 더 선을 약하게 채워주고, 3에서 9단계까지 한 번 더, 그 다음은 4에서 9까지, 계속 같은 방식으로 고르고 점차적으로 변화되도록 명암단계를 만들어 간다.
- 가능한 연필선을 다른 방향으로 움직여 선이 뭉개지지 않도록 주의하여 면을 채워 명암이 깊어지도록 한다. 단계별 명암이 고르게 진행되도록 유의하여 표현한다.

5) 물체의 기본 형태와 구조 파악

사물을 정확히 나타내기 위해서는 먼저 그 물체의 기본 구조를 이해해야 한다. 20세기 근대 회화의 아버지라 불리우는 폴 세잔(Pual Cezanne, 1839~1906 후기 인상주의 대표적 작가)은 "모든 물체는 구, 원추, 원기둥으로 환원 된다"고 정의한 바 있다. 사물의 본질적인 구조와 형상에 주목하여 자연의 모든 형태를 원기둥과 구, 원뿔로 해석한 독자적인 화풍을 개척했다. 즉, 겉으로 보기에 모든 물체는 그 형태가 복잡하게 보이지만 기본적으로는 육면체(입방체), 원기둥(원통), 원추, 구의 형태로 환원시킬 수 있다. 이 4가지 형태가 변형, 조합되어 여러 형태를 이루고 있기에 기본 구조를 이해하면 대상의 형태에 쉽게 접근할 수 있다.

반사광이란 빛이 있는 광원의 반대편 쪽의 물체에 비친 빛에 의해 물체가 밝게 보이는 현상을 말한다. 구, 육면체, 원기둥, 원추 같은 물체가 그림자와 만나는 어두운 부분에 반사광은 존재하며 주변보다 약간 밝다. 반사광 역시 직사광 못지않게 물체를 표현할 때 고려해야 할 중요한 요소이다. 반사광을 표현하면 모든 물체는 보다 입체적인 형태로 보이는 시각적 효과를 가지게 된다.

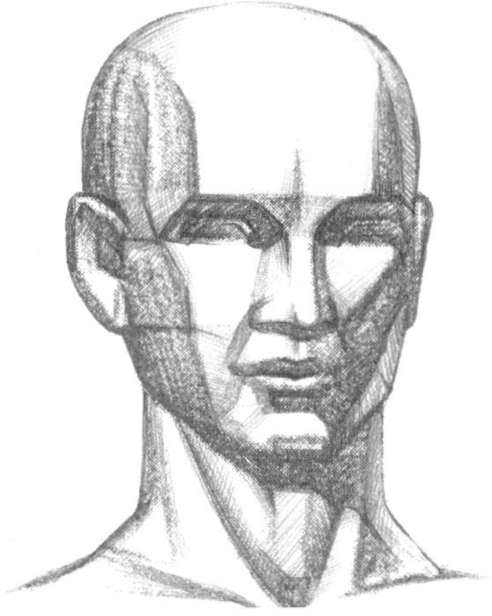

면에 의한 입체감

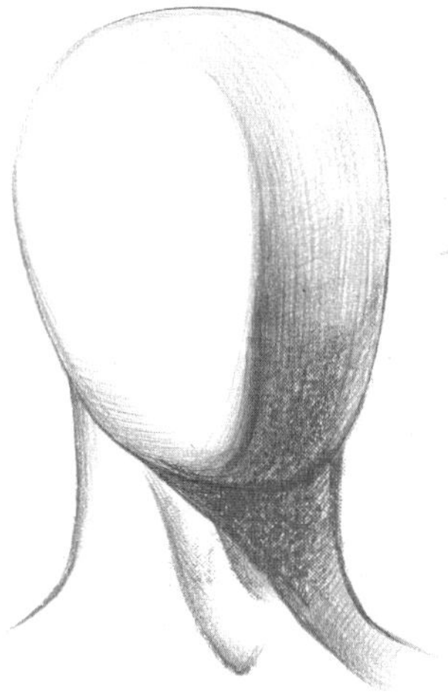

덩어리(양감 표현)

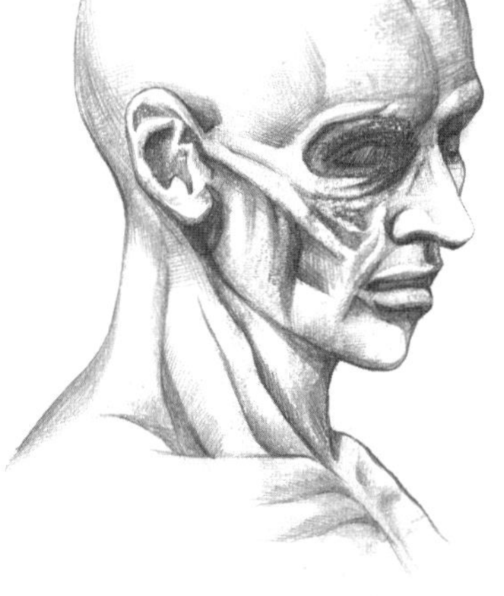

근육에 따른 명암 표현

	선을 통한 2차원적 형태	명암에 따른 3차원적 형태	하이라이트와 반사광에 따른 입체적인 3차원적 형태
육면체 (입방체)	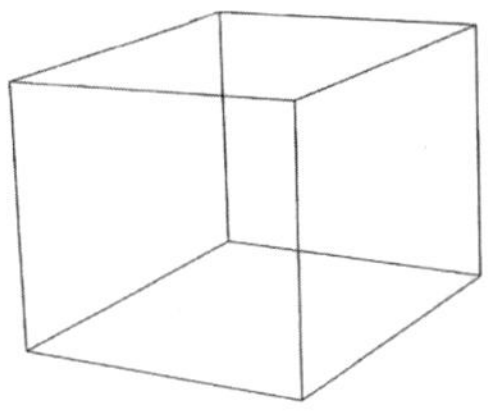		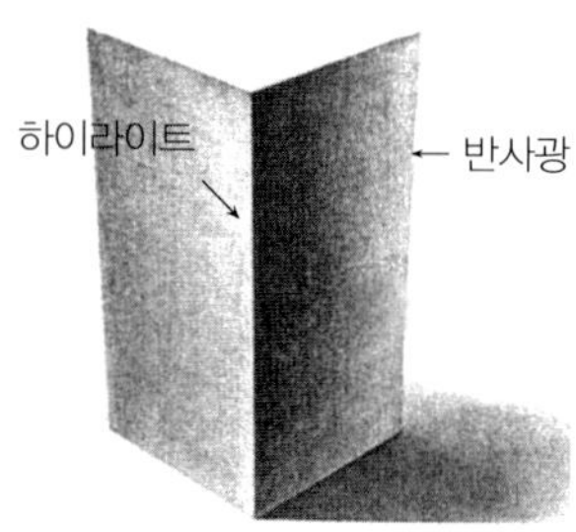
원기둥 (원통)	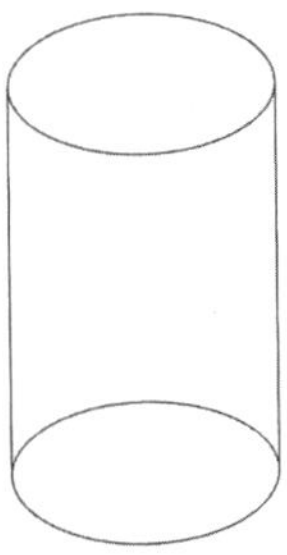		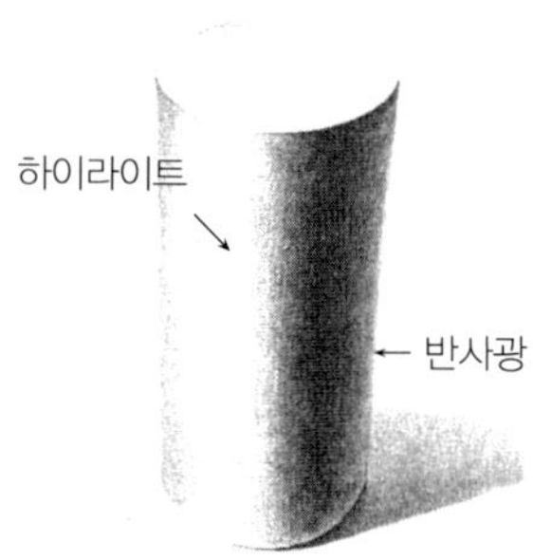
원추 (원뿔)	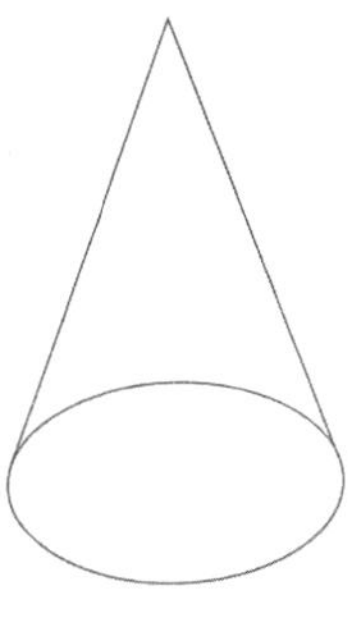	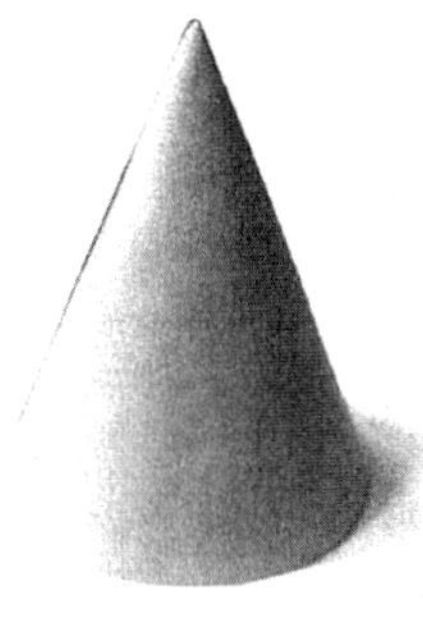	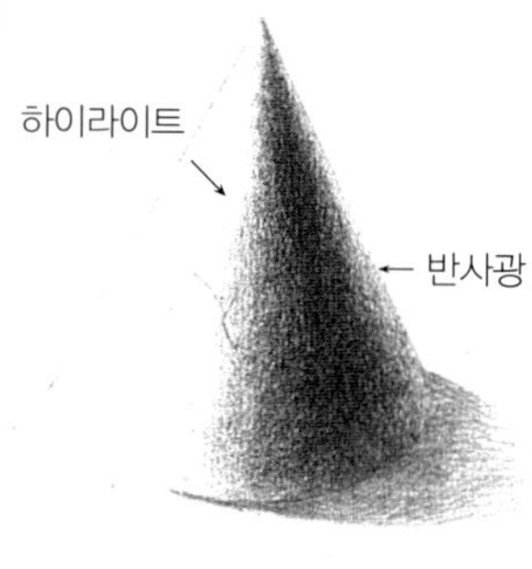
구 (원)	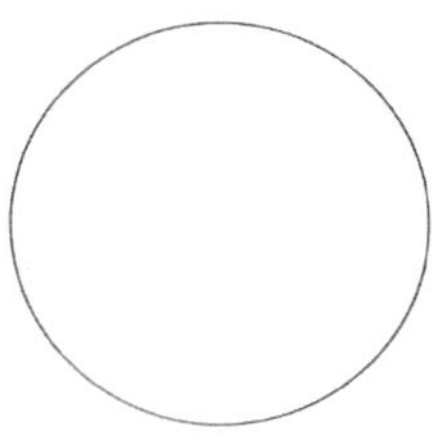		

3. 색채

색채란 물체에서 보이는 물체색을 의미하며 빛이 눈에 자극이 되어 색(Color of Light)을 느낄 때 색채라고 한다. 환경을 이루고 있는 여러 가지 요인 중 색채는 시각적 측면에서 매우 감각적인 요인으로서 우리의 정서 상태를 변화시키며 디자인 요소 중에서도 가장 시각적인 효과가 클 뿐만 아니라 이미지를 연출하는데도 중요한 요소이다. 색채는 마치 눈으로 보는 음악처럼 감정을 풍부하게 하며 모든 대상을 개개인의 다양한 시각적 경험으로 이끈다. 색채는 디자인에 있어서 중요한 기초적인 요소이며 디자인이 지닌 기능적, 심미적 특성을 강화시키는 효과를 지닌다.

1) 색의 3 속성

시각적인 자극을 가장 강하게 느낄 수 있는 색채는 빛의 파장에 의해 시각에 전달되므로 색상이 주는 이미지는 그 어느 것보다도 강하다. 색의 3속성은 빛의 파장을 나타내는 색상, 밝고 어두운 정도를 나타내는 명도, 색파장의 순수한 정도를 나타내는 채도이다.

(1) 색상(Hue:H)

색상은 물체의 표면에서 선택적으로 반사되는 색파장의 종류에 의해 결정되며 빨강, 노랑, 초록, 파랑, 보라 등으로 구분되며, 순수한 색상일수록 현저하게 드러나므로 색을 지각하기 쉽다. 색은 크게 무채색과 유채색으로 나뉘어지며, 스펙트럼으로부터 전개된 많은 색상은 이해하기 쉽게 둥근 고리 형태로 배치한 것을 색상환이라고 하며 먼셀과 오스트발트의 기본 색상환은 다음과 같다.

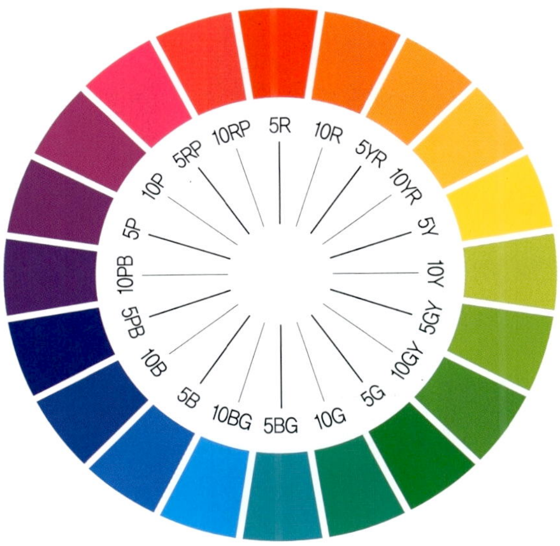

먼셀의 20색상환

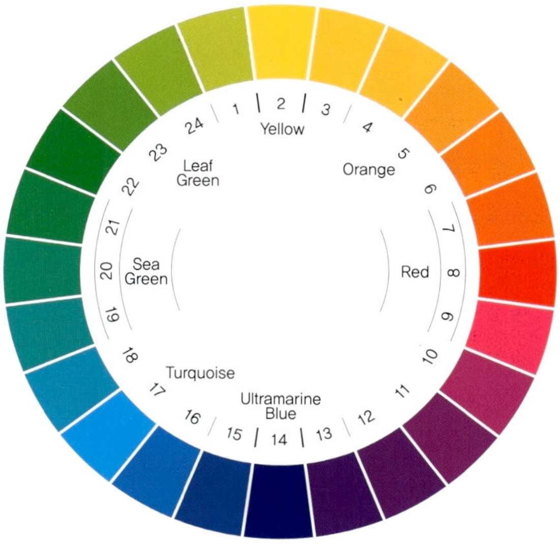

오스트발트 24색상환

(2) 명도(Value:V)

물체의 표면이 빛을 모두 흡수하면 검정으로 빛을 모두 반사하면 흰색으로 보인다. 인간은 가장 빨리 명도를 구분하며 색의 밝고 어두운 정도를 표현한다. 먼셀은 명도를 11단계로 제시하였으며 백색이 10, 검정이 N 0으로 표시 된다.

먼셀표색계(현색계)에서는 완전한 0의 검정과 완전한 10의 흰색은 존재하지 않기 때문에 먼셀에서 명도단계는 검정(0.5)에서 흰색(9.5)을 11단계로 나누어 무채색의 단계로 표시한다.

이외에도 명도는 시각이 지각할 수 있는 한도내에서 더 세분화시킬 수 있으며 무채색뿐 아니라 유채색도 명도를 단계별로 세분화 할 수 있다.

먼셀의 명도단계에서 제시한 11단계를 나열한 그레이스케일(Gray Scale)은 영어 Neutral의 이니셜을 따서 명조단계 앞에 N이라고 표기한다.

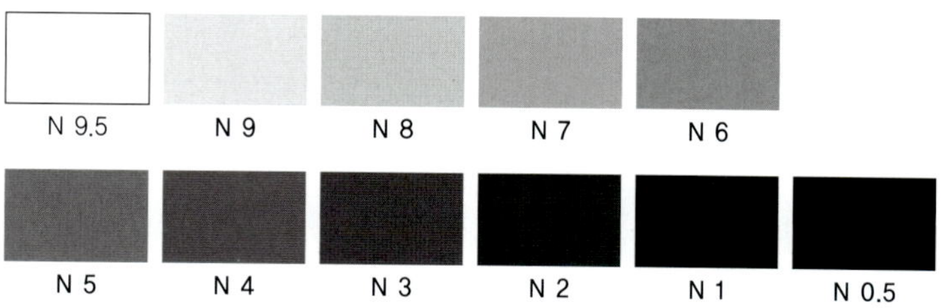

명도 11단계 9.5~0.5

(3) 채도(Chroma:C)

색파장이 얼마나 강한지 또는 약한지를 느끼는 것이 채도이다. 따라서 채도는 순도(Saturation), 또는 강도 (Intensity)라고도 표현된다. 색의 맑기, 색의 선명도로 순색, 청색, 탁색을 의미한다.

- 순색 : 채도가 가장 높은 원래 색이 가진 기본 색.
- 청색 : 순색에 흰색이나 검정을 섞어서 만든 색.
- 탁색 : 순색에 회색을 섞은 색

① 탁색의 경우 같은 명도의 회색을 계속 혼합하면 명도는 동일하지만 채도는 다른 색을 얻을 수 있다. 색은 분명 달라졌지만 흑백 사진을 통해 얻은 결과치는 같은 색이다.

순색 100% | 탁색 순색에 동일한 명도의 회색을 30% 더함 | 탁색 순색에 동일한 명도의 회색을 60% 더함

② 청색은 순색에 흰색이나 검정을 섞어서 만드는 색으로 채도와 명도가 모두 바뀐다.

순색 100% | 청색 흰색을 30% 더함 | 청색 검정을 30% 더함

색채는 이와 같이 세 가지 속성을 지니고 있어서 우리가 어떤 색채를 지각할 때는 항상 이 세 가지 요인에 의해서 다른 색과 구별하게 된다. 즉, 밝은 회청색, 어두운 벽돌색, 중간 밝기의 베이지색 등으로 색을 표현하는 것은 색채에 대해 지각된 삼속성의 내용을 어휘로 나타내는 것이며 색상만으로는 색의 느낌을 전달할 수 없다.

중심의 명도 축에서 멀어질수록 채도가 높아지며 가장 바깥의 색이 순색이다.

색상마다 가장 높은 채도의 값은 다르며 채도가 가장 높은 순색은 빨강과 노랑이다.

먼셀의 색입체 1

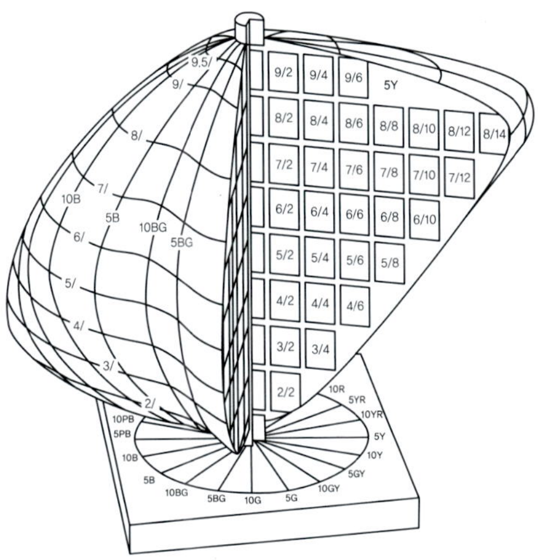

먼셀의 색입체 2

2) 각톤의 색별그룹

톤은 명도와 채도의 복합 개념으로서 각 색상에 따라서 총 11개의 톤과 5개의 무채색 톤으로 구성 되어 있다. 감성배색이나 색의 이미지를 전달하기 위해서는 색이 가진 이미지를 활용하여 디자인하면 좋은 결과를 얻을 수 있다.

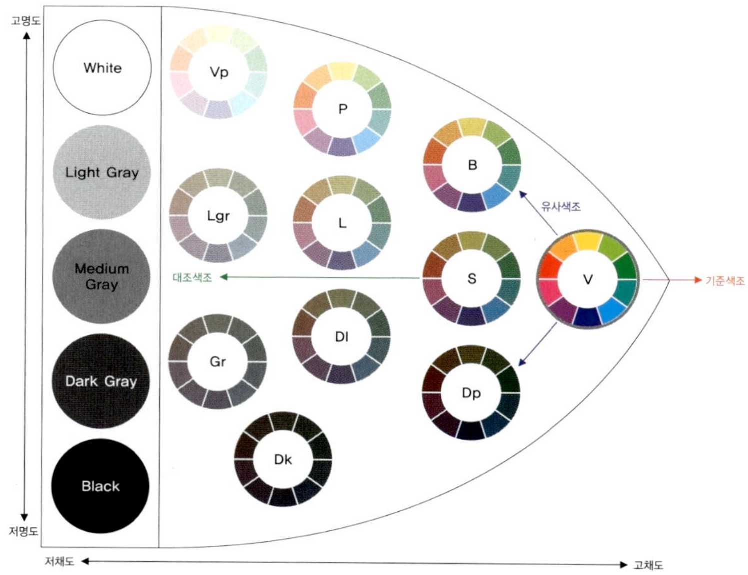

약 호	명 칭	형용사
V	ViVid	선명한
S	Strong	강한
B	Brignt	밝은
P	Pale	맑은
Vp	Very pale	연한
L	Light	은은한
Lgr	Light grayish	흐릿한
Dl	Dull	차분한
Gr	Grayish	탁한
Dp	Deep	진한
Dk	Dark	어두운
Wt	White	하양
Lg	Light gray	밝은 회색
Mg	Medium gray	중간 회색
Dg	Dark gray	어두운 회색
Bk	Black	검은색

3) 배색의 종류

색은 작품의 완성도를 높일수 있는 중요한 요소이다. 이러한 색채를 조화롭게 표현하기 위해서는 다양한 컬러의 배색을 통하여 컬러가 가지는 이미지를 작품에 담아낼 수 있어야 한다.

메이크업에 있어서 색의 배색은 아이섀도우와 입술의 색상이 가장 기본이 된다. 모델이 가진 피부색인 베이스와 블러셔의 색은 메이크업의 경우 대부분이 동일 유사 배색이기 때문에 강한색상의 대비를 이루는 색은 눈과 입의 대비로 이해하면 된다.

(1) 동일 색상 배색

동일한 색상으로 명도나 채도의 변화를 주는 배색으로 이미지는 부드럽고 온화하며 톤온톤 배색이라고한다. 톤을 겹친다는 의미의 배색으로 동일한 색상으로 톤의 변화를 주어 색이 선명하고 정돈된 이미지를 나타낸다. 자연스러운 조화감과 통일성을 얻을 수 있는 배색이다.

(2) 유사 색상 배색

색상 차가 크지 않는 색상끼리의 배색으로 정적이면서 무난하고 안정감을 주는 배색 이다. 색상의 차이를 두면서 톤이 같거나 비슷한 색끼리의 배색으로 톤인 톤 배색이라고 한다. 그러나 드라마틱한 배색시에는 명도나 채도의 차이를 크게 두어 색의 변화를 줄 수 있다.

(3) 반대 색상 배색

서로 반대되는 색상끼리의 배색으로 뚜렷하고 화려하며 강한 이미지를 나타낸다. 배색시 명도나 채도의 변화뿐만 아니라 면적대비의 효과도 고려하여 변화를 줄 수 있어야 하며 색의 대비가 강렬하기 때문에 색의 배합이나 조화를 더욱 고려하여 사용하여야 한다.

http://blog.naver.com/riku79

4) 색채의 상징과 연상

전반적인 색채의 상징에는 국가의 상징, 신분 · 계급의 구분, 종교 · 관습의 상징, 지역의 구분, 기억의 상징, 방위의 표시가 있다. 사회, 문화 정보로서의 색은 문화에 따라 다르게 적용되며, 예를 들어 동양 문화권에서 노란색은 금색과 함께 신성한 색채로 인식되어지지만 서양 문화권에서 겁쟁이, 배신자처럼 부정적인 색으로 상징되어진다.

색채는 다양한 문화권에 상징적인 의미를 전달하는 역할을 해왔으며 녹색은 국제적 언어로서 안전을 상징하는 색이다. 국가별로 선호하는 색을 살펴보면

- 스페인, 라틴계 민족은 난색계를 좋아한다.
- 게르만인과 스칸디나비아 민족은 한색계를 선호한다.
- 중동과 이슬람 문화권, 회교국 등에서는 녹색, 파란색 계열을 선호한다
- 아프리카에서는 주술적 의미가 강한 색으로 적색, 흑색, 백색, 다갈색의 브라운 톤을 선호한다.
- 중국은 붉은색, 황색 등 동양적인 색채를 선호한다.

한국에는 음양오행 사상에 입각한 전통색으로 오정색과 오간색이 있으며 이는 각 방위를 상징하는 수호신이다.

- 오정색 : 적(赤), 청(靑), 황(黃), 백(白), 흑(黑)
- 오간색 : 오정색의 배합에 의해 만들어진 녹(綠), 자(紫), 홍(紅), 벽(碧), 유(騮)

- 청색 – 동쪽 – 청룡 – 목(木) – 인(仁)
- 적색 – 남쪽 – 주작 – 화(火) – 예(禮)
- 황색 – 중앙 – 황룡 – 토(土) – 신(信)
- 흑색 – 북쪽 – 현무 – 수(水) – 지(知)
- 백색 – 서쪽 – 백호 – 금(金) – 의(儀)

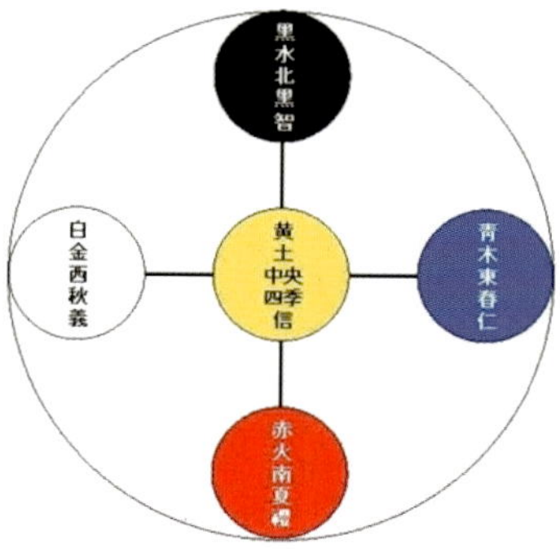

색이 가진 상징성은 가장 기초적인 색의 이미지이며 구체적 연상과 추상적 연상으로 나눌 수 있다. 색채에 대한 심리적 연상은 개인의 경험과 기억, 소속된 사회의 문화적 배경이나 자연환경의 색으로 부터 직접적인 영향을 받는다.

(1) 구체적 연상

색	색명	연상
	빨강색	불, 피, 태양, 사과, 소방차, 우체통, 심장, 장미
	주황색	등불, 화염, 오렌지, 귤, 감, 단풍, 당근, 오렌지주스, 석양
	노란색	빛, 배추꽃, 호박꽃, 유채꽃, 해바라기, 레몬, 병아리, 금, 바나나, 어린이우산
	초록색	풀, 잎, 숲, 시금치, 피망, 고추, 자연, 배추
	파란색	바다, 하늘, 물, 호수
	보라색	포도, 창포, 난초, 오랑캐꽃, 가지, 와인, 제비꽃, 자수정
	청록색	바다, 숲, 비, 칠판, 해저
	흰색	눈(snow), 흰구름, 설탕, 소금, 백지, 백합, 병원, 토끼, 안개, 우유
	회색	흐린날, 재, 쥐, 대리석
	검은색	먹, 밤, 숯, 흑발, 까마귀, 연탄, 교복, 상복, 피아노, 연기

(2) 추상적 연상

색	색명	연상
	빨강색	정열, 혁명, 활력, 위험, 폭발, 비속, 애정, 격정, 흥분, 광기, 절교
	주황색	온화, 성숙, 건강, 만족, 건조, 질투, 환희, 단란, 행운, 신성, 명랑, 기쁨, 재미
	노란색	희망, 유쾌, 광명, 활발, 경박, 평범, 주의, 영광, 미개, 불안, 낮, 창작 아이디어
	초록색	평화, 건전, 안정, 이상, 젊음, 상쾌, 생명감, 정의, 안식, 청정, 침착, 조용함, 친구, 휴식, 화목
	파란색	성실, 냉정, 명상, 심원, 이지, 평정, 유구, 희망, 시원함, 고독, 피로, 거짓, 자유
	보라색	우아, 고귀, 신비, 불안, 환상, 장증, 걱정, 외로움, 슬픔, 거만, 수상함, 창조
	청록색	공포, 절제, 침착, 심미, 깊음
	흰색	흰색, 소박, 순결, 신성, 정직, 광명, 불길, 청정, 평화, 정의, 눈부심, 완벽함
	회색	중용, 평범, 실망, 우울, 불안, 겸손
	검은색	절망, 침묵, 죄, 죽음, 엄숙, 강건, 사멸, 공포, 중압감, 불행, 고독, 심염, 절제, 세련됨, 완벽함

4. 뷰티 색채의 웜(Warm)과 쿨(Cool) 컬러

색이 가진 이미지는 명도와 채도에 의해 변화될 수 있으며 같은 계열의 색 안에서도 그 이미지는 다르게 변화 할 수 있다. 뷰티 색채에서는 베이스 색의 구분이 되는 웜(Warm)과 쿨(Cool) 컬러 베이스로 따뜻한 피부의 색이 상대적 평가에 의해 차가운 이미지를 보여 줄 수도 있다.

예를 들면 따뜻함을 연상시키는 빨강색도 상대적 평가에 의해 차가운 이미지를 보여 줄 수도 있는 것이다.

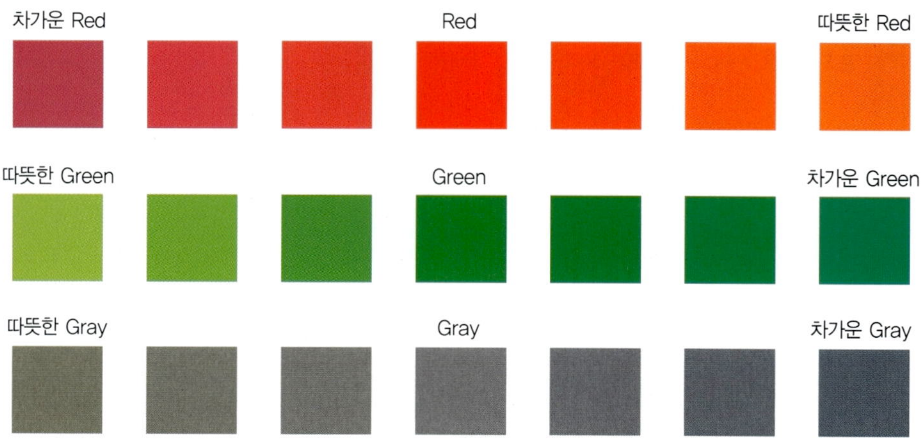

이처럼 색은 전문화되고 세분화되어질수록 개인의 주관적 판단에 더욱 강해지며 아주 미묘한 삼속성의 변화에 따라 색의 변화에 따른 배색의 조합을 구성할 수 있다.

웜(Warm)과 쿨(Cool)의 이미지인 피부색 테스트는 얼굴색이나 손목 안쪽과 손바닥 색으로 확인하고 퍼스널 컬러는 (Personal color) 개개인이 가지고 태어난 고유의 신체 색상으로 피부색, 머리카락색, 눈동자색으로 구분한다.

피부색을 결정하는 요인으로는 적색(헤모글로빈), 황색(카로틴), 갈색(멜라닌) 등이며, 환경과 기후조건, 유전적 요인 등을 들 수 있다.

피부색의 유형은 웜(Warm)과 쿨(Cool)로 구분되며, 따뜻한 유형은 멜라닌(갈색) + 카로틴(노랑)이 많아 노르스름한 황색계열을 띤다. 혈색이 없고 기미 잡티 쉽게 생기며, 봄, 가을 유형이라고 한다.

차가운 유형은 멜라닌(갈색) + 적색(헤모글로빈)이 많은 타입으로 피부색이 흰빛과 푸른빛을 띠고 쉽게 붉어지는 홍조현상이 있다. 여름과 겨울 유형이라고 한다.

퍼스털 컬러 자가 진단법

WARM (yellow base)

1. 노르스름한 피부
2. 노르스름하면서 붉은 빛 피부
   (피치, 오렌지)
3. 노르스름하면서 흰 피부(아이보리)
4. 노르스름하면서 어두운 피부

COOL (blue base)

1. 붉은 피부
2. 붉으면서 흰 핑크 빛 피부
3. 붉으면서 노란 빛 피부(연지)
4. 붉으면서 푸른 빛 피부(탁한 그린)

5. 질감

어떤 물체를 직접 만져 보지 않더라도 일반적인 경험이나 물체의 표면에서 느껴지는 차이를 통하여 알 수 있는 것을 질감이라 한다. 디자인 요소로서의 질감은 '시각적'으로 바뀌어 우리 눈에서 어떻게 느껴지느냐 하는 것에 중점을 두게 된다. 따라서 어떻게 실제적인 물체의 질감을 '시각'으로 보이게 만들어 내는가 하는 문제는 중요하다.
메이크업의 질감은 주로 제품의 특징에 따라 표현되며, 매트(Mat)한 표현은 광택이 없고, 밋밋한 표면 상태로 수분과 유분을 모두 제거한 무광의 질감 표현이며 펄(Pearl), 글리터(Glitter)는 인공적인 재료, 즉 펄이나 반짝이 등을 사용함으로써 인공적으로 반짝이거나 광택을 주는 표현이다. 글로시(Glossy)는 보습제를 이용하여 빛을 반사시킴으로써 윤기와 광택이 나도록 하여 번들거리게 하는 것이다. 아트 메이크업에 있어서 질감적인 표현은 여러 가지 이미지의 효과를 극대화시킬 수 있으며 같은 색상이라도 질감의 차이를 통하여 연출되는 작품의 이미지가 부각된다.

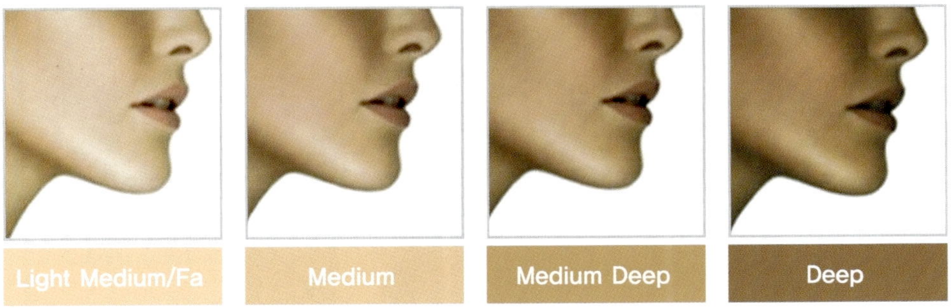

글로시(glossy)한 스킨톤

최지나
거친 질감의 표현

메이크업의 질감 표현과 색조의 조화

한지수
물감을 사용한후 포토샵으로 붓터치의
느낌을 더 강하게 강조

한지수
물감과 색연필

박지은
펜과 색연필

문현서
수채화와 색연필

한지수
포스터물감과 소묘

신명선

굵은 라인으로 만화와 같은 이미지

부드러운 선의 표현(소묘기법)

판화적인 선 느낌과 팝아트적인 색채로 표현

입체적인 표현 아크릴

02 얼굴 일러스트레이션

1. 얼굴 표현하기

1) 얼굴 그리기

메이크업 일러스트레이션에서 얼굴 그리기는 메이크업의 컨셉과 메시지를 전달하는데 있어서 매우 중요한 역할을 한다.

메이크업 일러스트레이션에서의 얼굴과 머리는 작가의 스타일이나 시대적인 트렌드에 의해 주관적으로 해석된다. 개개인의 특징과 이미지를 과장해서 표현하기도 하고 생략하는 방법을 통해 표현하기도 한다. 그러나 바디를 그릴 때와 마찬가지로 과장과 생략을 비롯한 모든 드로잉적 테크닉들은 기본적인 얼굴의 구조와 비례에서 출발하는 것임으로 정면을 보고 있는 가장 기본적인 비례의 얼굴을 기준으로 하여 그린다. 얼굴에서 눈, 코, 입의 위치와 그들 사이의 거리와 크기의 비례 관계에 따른 기본을 연습한 후, 개인의 취향과 스타일에 따라 개발해 나아가는 것이 좋다.

2) 각도에 따른 얼굴 표현

일반적으로 일러스트를 그릴 때, 완전 정면의 얼굴 보다는 약간 돌리고 있거나 숙이고 있는 등의 자연스럽고 분위기가 잘 살 수 있는 얼굴 포즈들을 많이 그린다. 얼굴이 움직이는 방향과 각도에 따라, 이목구비간의 거리와 이목구비의 크키가 달라지므로 다양한 각도의 얼굴을 잘 묘사하기 위해서는 얼굴의 중심 가로축과 눈, 코, 입의 세로선과 가로선이 움직이는 것을 잘 파악하고 익히는 것이 좋다.

다양한 각도의 얼굴을 그리는 순서로는 먼저, 두상의 크기를 정하고 눈, 코, 입의 중앙을 중심 가로축을 그어준다. 얼굴이 움직인 각도에 맞춰 눈, 코, 입의 가로방향을 정한다. 위치가 다 정해졌으면 디테일한 부분들을 섬세하게 그려주고 전체적인 선들을 정리해 준다. 그 후 얼굴의 이미지와 표정을 그리고 메이크업과 어울리는 헤어스타일을 그려준다. 다양한 각도의 얼굴을 그리기 위해서는 여러 차례의 연습이 필수이다.

3) 얼굴의 세부적인 표현

얼굴을 구성하는 각 부분은 개인의 취향과 스타일에 따라 다양한 형태와 비율로 표현할 수 있다. 이를 통해 작가들은 보다 자신의 개성을 더 잘 표현 할 수 있으며 각자의 色을 확립해 나아갈 수 있다. 항상 얼굴이 가지고 있는 기본적인 비율을 바탕으로 개성에 따라 변화를 시켜야 자연스러운 얼굴이 완성 된다.

따라서 얼굴에서 눈, 코, 입의 위치가 정확한 위치에 그려져야 하고 이들 사이에 비례 관계가 지켜져야 한다. 또한 시선의 각도에 따라 달라지는 이목구비의 형태와 명암 등에 유의하며, 세부 묘사에 치우쳐 전체적인 조화가 깨지지 않도록 주의해야 한다.

눈, 코, 입을 그릴 때는 각각의 모양도 중요하지만 무엇보다 비례가 중요하다. 시대상에 따른 미의 기준이 변화함에 따라 항상 변화하는 것이기 때문에 정확한 하나의 정답이 있는 것은 아니다. 하지만 얼굴의 기본적인 조화와 비율이 적절하게 이루어져야 자연스럽고 설득력 있는 얼굴이 완성된다.

(1) 해부학적 접근

얼굴 형태를 올바르게 그리기 위해서는 먼저 얼굴 속에 있는 두개골과 근육의 구조를 알고 뼈와 근육이 인간의 감정표현에 따라 어떻게 움직이며 얼굴 표정을 만드는지 이해하여야 한다.

얼굴의 뼈와 안면근육은 인물의 성격을 결정지으며, 이는 바디페인팅과 분장작업을 하기에 앞서 반드시 인지해야 할 부분이다. 골격에 대한 이해와 근육의 운동 방향에 대해 알아두는 것이 필수적이며 일러스트를 그릴때 중요한 이론적 기초가 된다.

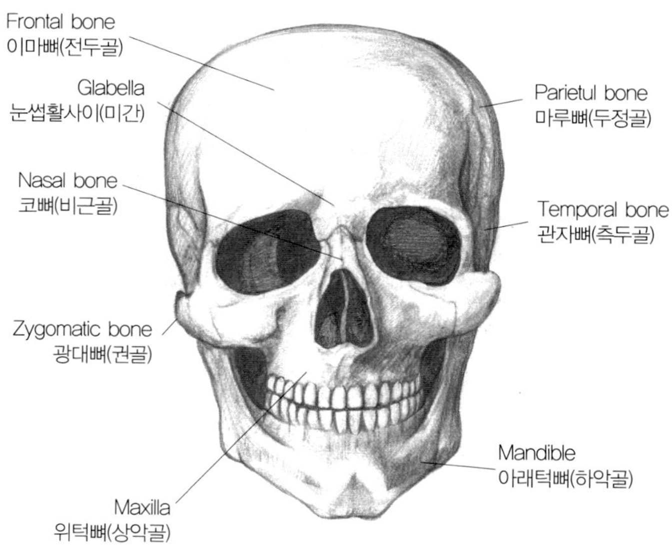

두개골(정면)

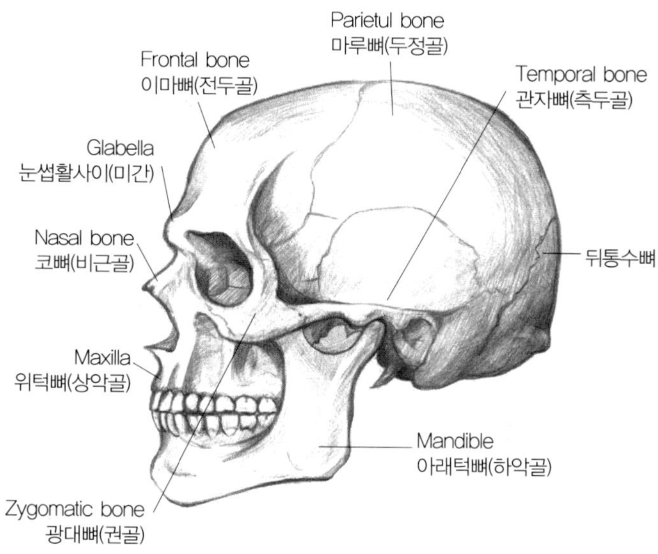

두개골(측면)

두개골

두개골의 형태는 대체로 인종, 연령, 성별에 따라 다르며, 대체적으로 여성이 남성에 비해 전체적으로 낮으며 작다. 두개골은 해부학적으로 다음과 같은 일반적인 특성을 지니고 있다.

① 두개골은 머리의 형태를 결정짓는다. 이는 머리 전체의 비례를 결정하며, 형태의 기본이 되므로 형태를 그릴 때 기초가 된다.
② 하악골은 두개골에서 움직일 수 있는 유일한 관절이다. 이것은 귀의 앞부분에 둥근 돌기를 갖고 있으며, 아래턱뼈의 상부가 두개골의 움푹 패인 부분에 꼭 맞도록 되어 있다.
③ 광대뼈는 정면과 측면의 경계가 된다.
④ 머리카락을 그릴 때에도 두개골의 형태를 파악하여 그려야 한다.
⑤ 두개골 위에 덮여 있는 표정근육의 움직임은 다양한 표정을 연출한다.

안면 근육

얼굴의 눈 주위에는 누구멍의 눈 전면을 차지하는 안륜근과 입 주위에 구륜근 등 두개의 중요한 근육이 있다. 이 근육들을 괄약근이라 부른다.
안면 근육의 위치나 작용을 알아보려면 거울 앞에서 자신의 모습을 움직이며 관찰해 보는 것이 좋다. 얼굴 근육은 매우 섬세하고 밀접하게 연결되고 있으며 피부가 얇아서 근육들에 의해 생겨나는 풍부한 표정을 눈으로 확인 할 수 있다.

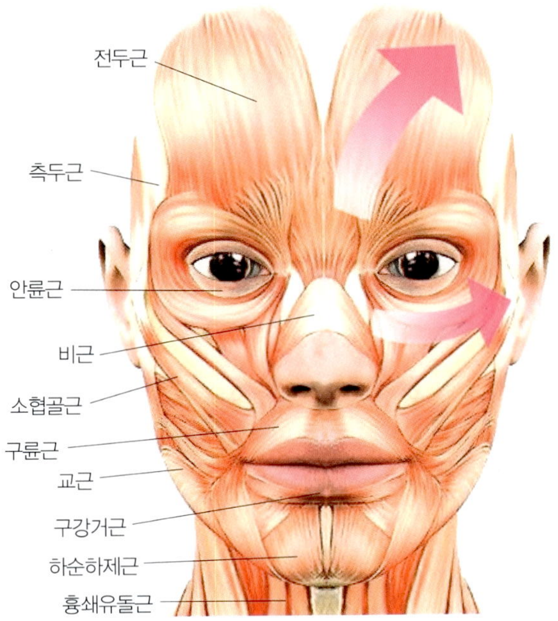

안면근육

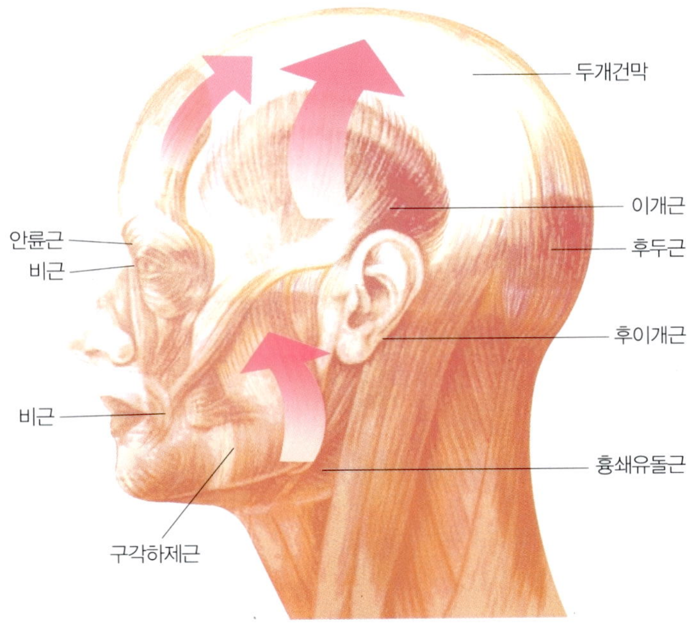

측면근육

4) 얼굴의 부분별 명칭

(1) 눈의 부분별 명칭

눈썹 : 눈썹머리, 눈썹 산, 눈썹 꼬리

눈 : 아이홀, 눈썹 뼈, 눈고리, 외안각, 하안검(언더라인), 동공, 공막, 각막, 홍채, 누구(눈앞머리)

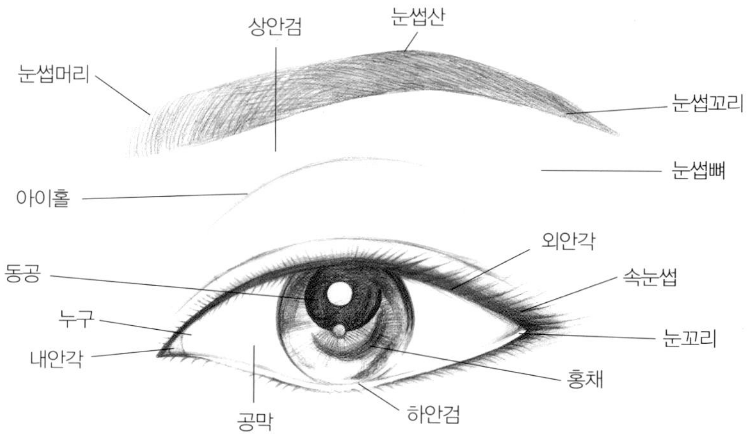

(2) 코의 부분별 명칭

비배, 비골, 비순구, 외비공, 비저, 비첨, 비익, 비연

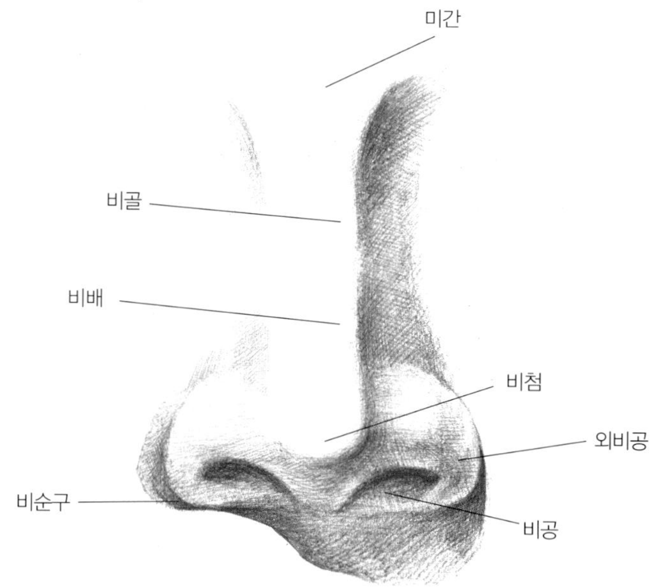

(3) 입의 부분별명칭

순구연(입술라인), 상순결절, 입술산, 하순(아랫 입술), 인중, 상순(윗 입술), 구각, 구열, 이순구

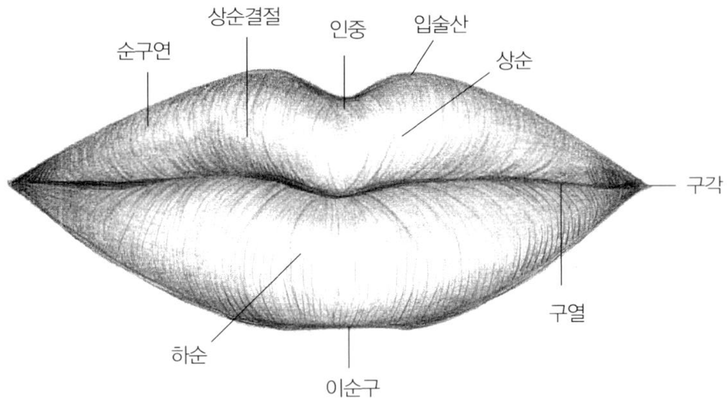

(4) 귀의 부분별 명칭

이륜, 이갑개, 대륜, 대주, 이수, 삼각와, 대륜각, 전절흔, 외이도, 주상와

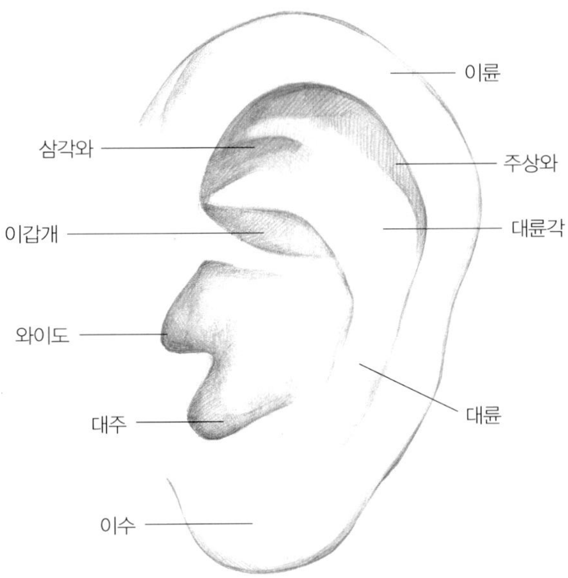

2. 얼굴의 세부적인 표현

1) 눈의 표현

눈의 이미지에 따라 전체적인 이미지가 변화 할 수 있기 때문에 얼굴 중 가장 중요한 부분이며 어려운 부분이다. 눈의 표현에 따라 얼굴의 표정이 나타나므로 기본 비율을 정확하게 인지한 후 변형 하여야 한다. 컨셉과 이미지에 따라 다양한 눈매를 그려주고 정성을 들여 정확하게 그려준다. 눈의 표정, 눈동자, 눈썹형태의 표현을 주의하여 그리는 연습을 해야 된다.

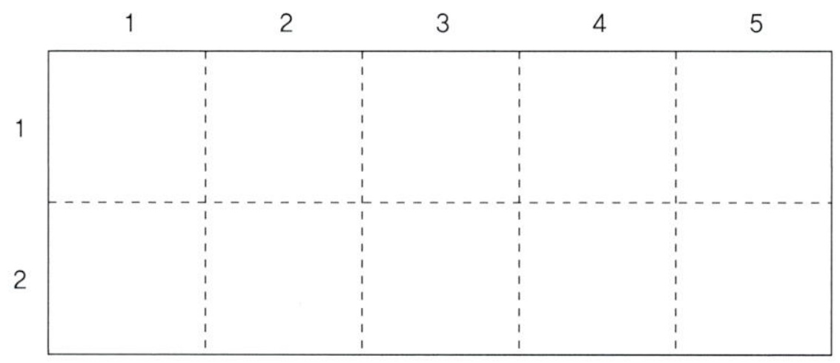

① 2 : 5 비율로 기준상자를 그려준다.

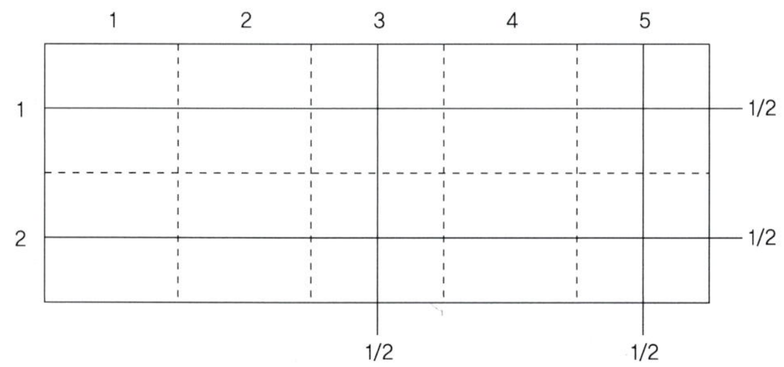

② 가로 칸 1, 2와 세로칸 3, 5를 2등분해준다.

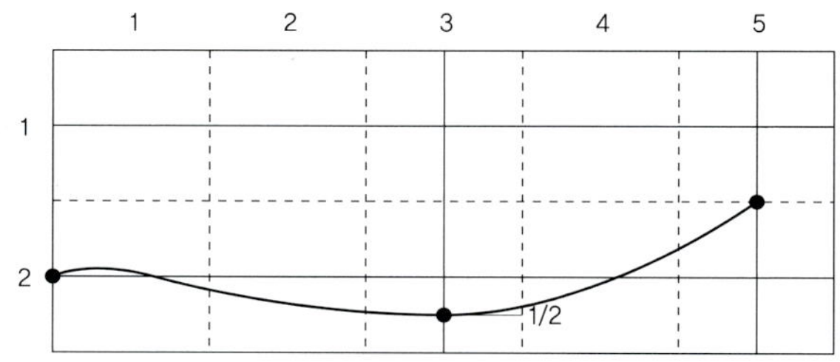

③ 눈앞쪽은 약간 위로 향하는 곡선을 그리고 나머지 뒷부분도 자연스럽게 이어서 곡선을 그려준다.

※ 감았을때 눈의 기울기이다.

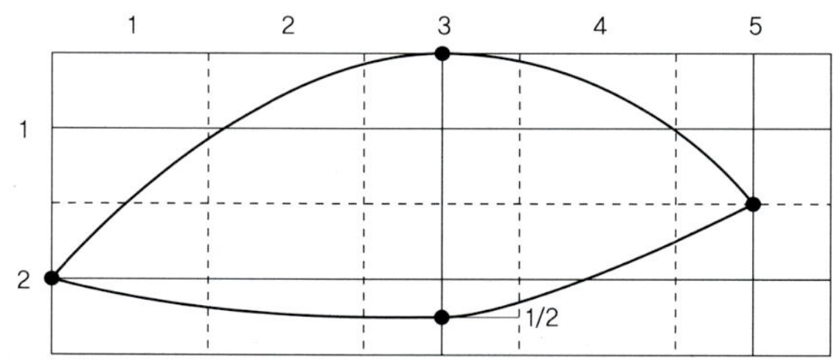

④ 기준선을 정하고 자연스럽게 곡선으로 연결하여 그려준다.

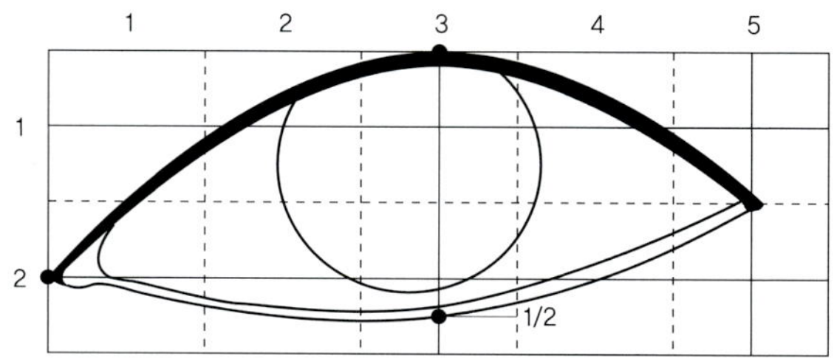

⑤ 앞쪽에서 뒤쪽으로 윗선을 그려주는데 앞부분은 얇게 뒷부분으로 갈수록 두껍게 그려준다.
눈아랫부분인 점막은 1~2mm 사이로 그리고 칸 1의 1/3 지점에서부터 흰자가 시작되도록 그린다.
검은 눈동자는 칸 2와 3의 1/2안에 그린다. 눈 앞부분이 시작된 지점과 같은 높이에서 끝난다.

(1) 여성의 눈

① 정면

㉠ 안구의 크기를 결정하고 지름을 수평으로 그리고 눈 기울기를 정한 후 대략적인 눈의 형을 그린다. 눈머리보다 눈꼬리가 약간 올라가게 그리되 상하가 둥글게 그려준다.
세로로 보았을때 눈과 눈썹의 거리는 눈의 크기 보다 더 크게 그려 준다.

㉡ 눈썹이 눈썹 머리는 눈머리보다 약간 안으로 들어가며 코볼에서 수직으로 올라가는 선상에 그려주고, 눈썹꼬리는 눈썹머리보다 쳐지지 않도록 그려준다.

㉢ 눈동자의 크기는 눈 전체의 1/3 정도가 적당하며, 눈동자 크기를 감안하여 위 눈꺼풀에 약간 가려지게 그린다.

㉣ 눈동자 안에 또 하나 검은 부분을 그려 주는데, 하이라이트를 남겨 놓는다.

㉤ 사실적인 표현을 위해 상 · 하 속눈썹을 그려주는데, 길이를 긴 것과 짧은 것을 적절히 조화시켜주고 많이 보이는 곳을 강하고 진하게 그려주며 눈썹은 털이 난 방향대로 터치해준다.

㉥ 두 눈을 좌 우 방향을 맞추어 그려주고 세부적인 묘사와 그림자 등을 넣어 완성한다.

㉦ 전체적인 형태가 완성되면서 섀도를 넣어주는데, 섀도를 넣을 때에는 눈 머리와 눈 꼬리의 부분을 진하게 넣고, 높은 곳을 향해서 점점 밝게 그라데이션을 시켜준다.

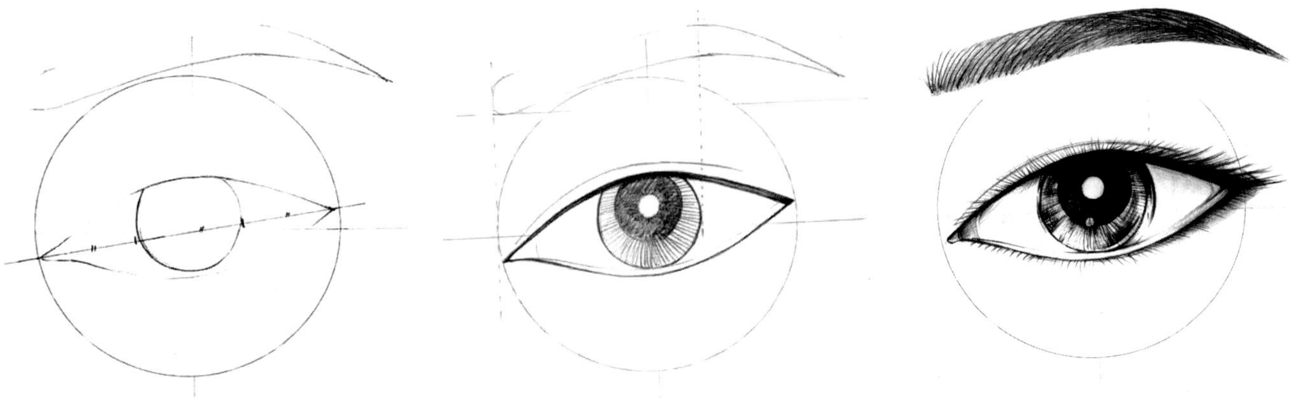

② 사면

㉠ 정면의 눈보다 길이를 짧게 그려준다.

㉡ 눈동자, 눈썹을 그려주며, 눈썹은 사면의 특성에 맞게 눈과 평행되도록 그려준다.
눈동자는 아래 눈꺼풀에 살짝 닿게 그린다.

㉢ 표현에 있어서는 정면과 같게 그려주고, 전체적인 선의 강약을 살려준다.

㉣ 눈썹과 속눈썹이 방향에 유의하여 그려준다. 선의 강약에 신경을 쓰며 그림자를 그려준다.
세부적인 묘사를 완성한다.

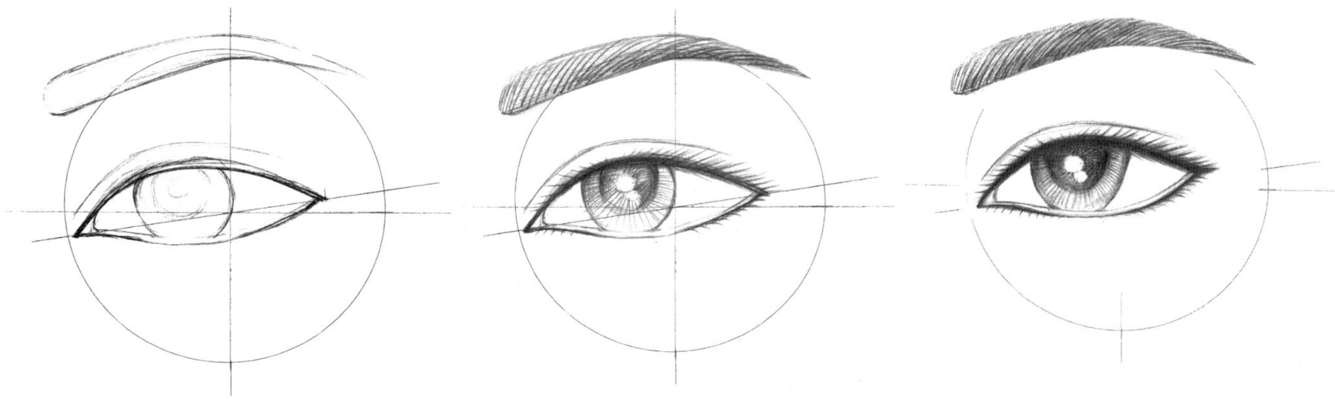

③ 측면

㉠ 눈의 크기는 정면의 1/2 정도로 그려준다.

㉡ 눈동자에 색을 넣고, 속눈썹, 눈썹을 그린다. 눈썹과 속눈썹이 방향에 유의하여 그려준다.

㉢ 선의 강약에 신경을 쓰며 그림자를 그려준다. 세부적인 묘사를 완성한다.

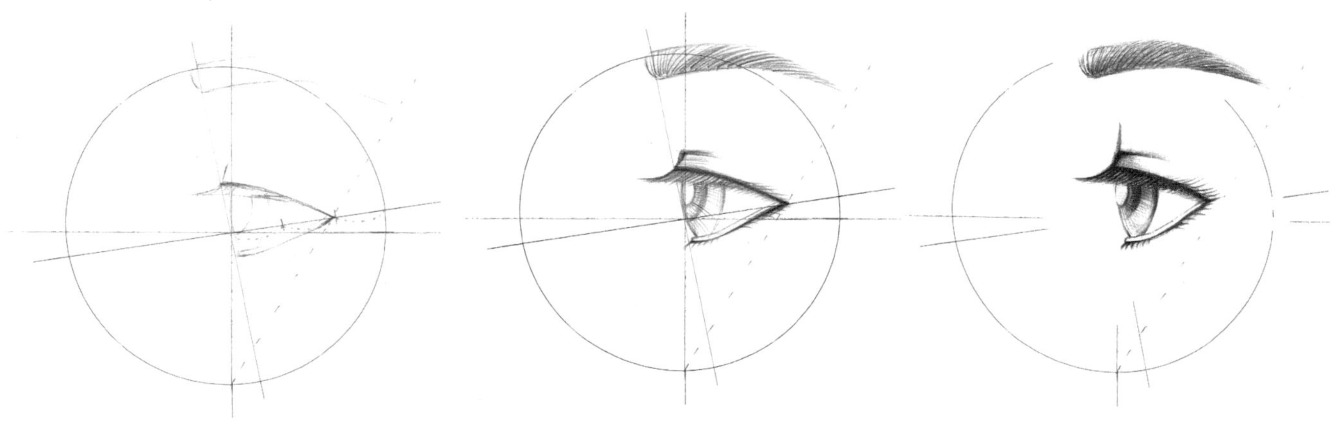

(2) 눈썹 그리기

눈썹 그리기

눈썹은 인상을 결정하는 중요한 요소로써 눈썹의 길이, 두께, 색상 등으로 이미지를 또한 눈썹은 섀도우의 섀도우의 범위와 눈의 형태를 결정하므로 이미지에 맞는 형태로 표현해야 한다.

기본형 그리기

1. 전체적인 눈썹의 윤곽을 잡는다(눈썹 앞머리, 눈썹산, 눈썹꼬리의 위치를 정한다).
2. 눈썹의 두께를 정한다.
3. 눈썹의 음영을 준다.
4. 눈썹산과 눈썹뼈 부분의 잔털을 정리한다.

※ 눈썹 모양을 변형 할 때엔 눈썹의 기본 형태를 그리고 변형하여야 전체적인 비례감이 유지된다.

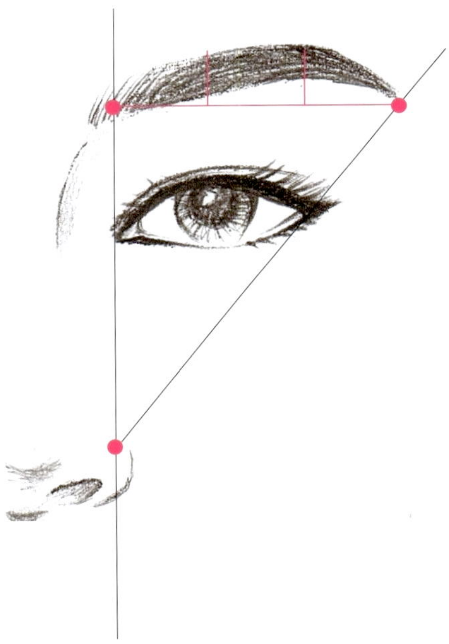

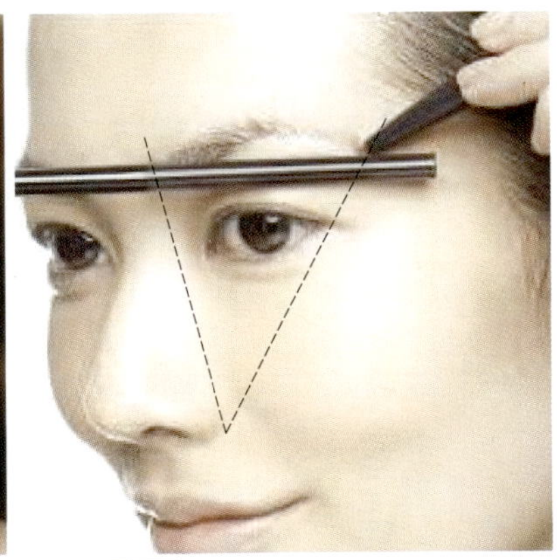

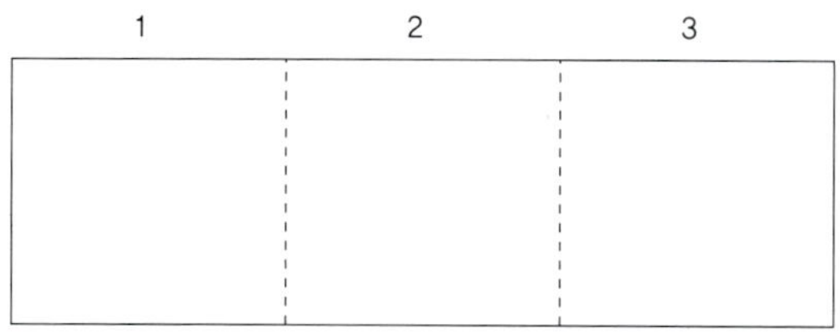

① 1 : 3 비율로 기준상자를 그려준다.

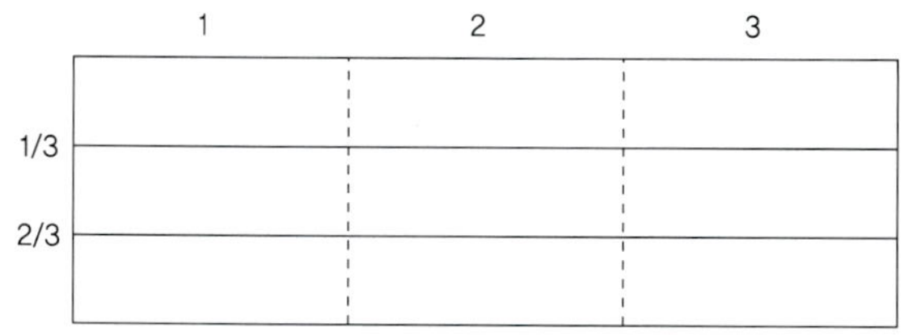

② 눈썹의 시작점, 꺽이는 점, 끝나는 점을 찍기 위해 세로를 3등분하여 기준선을 그려준다.

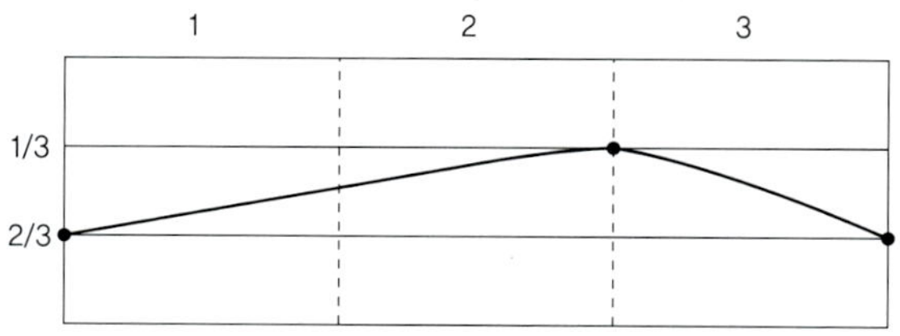

③ 시작점은 칸1의 2/3지점에, 꺽이는 점은 칸2의 1/3지점에, 끝나는 점은 칸3의 2/3지점에 찍어주고 연하고 자연스러운 선으로 연결해준다.

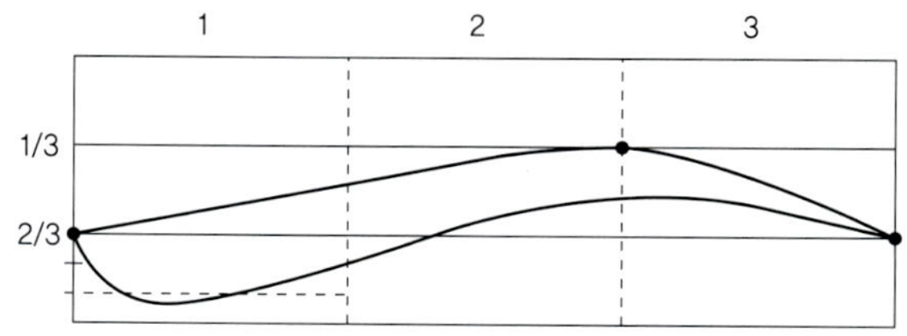

④ 앞쪽은 뒤쪽의 약 3배 굵기로 그린다. 세로를 3등분한 후 그 중 한칸을 다시 3등분했을때 2/3 정도가 차게 두께를 잡으면 된다.

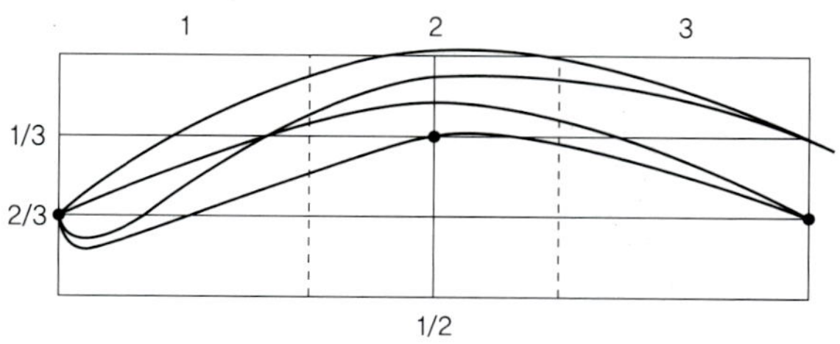

아치형

1/2지점에서 하강하기 시작하여 전체적으로 둥근모습이다.
눈썹의 비율은 동일하나 전체적으로 길고 가늘게 그린다.

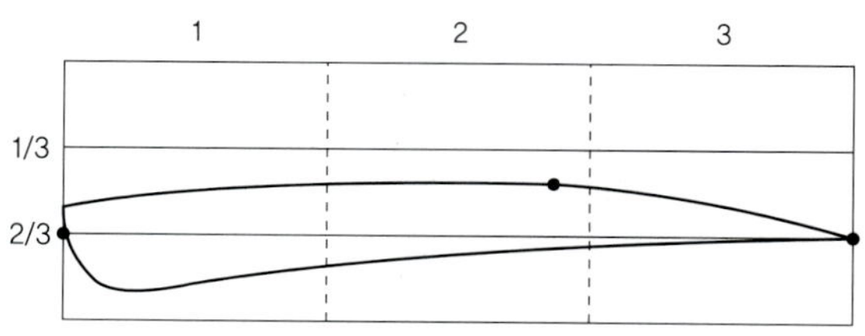

일자형

아주 약간의 곡선을 넣어 어색하지 않은 일자눈썹을 그린다.
좀 더 도톰하게 그리고 표준형보다 조금 짧게 그려준다.
눈썹산의 위치도 살짝 앞으로 옮겨준다.

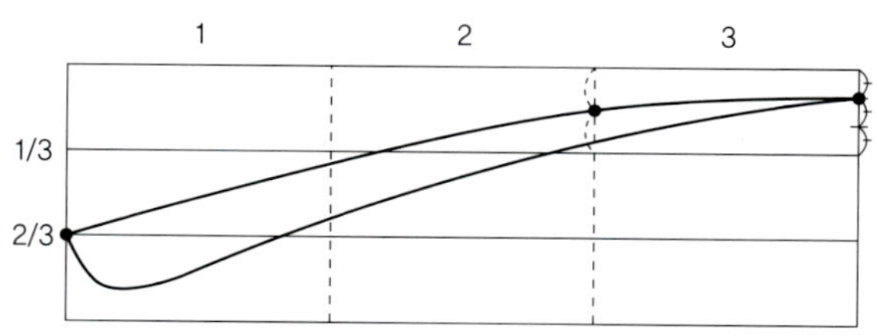

상승형

끝이 올라가 있는 눈썹으로써 5/6지점 아래를 끝으로 삼는다.

■ 기본형 눈썹(표준형)

가장 기본적인 스타일로 어느 얼굴에나 자연스럽게 어울린다. 눈썹산의 각이 작으면 일자형에 가까워지며, 귀엽고 발랄한 인상을 주기 때문에 현재 가장 유행하는 눈썹으로 두께감은 있지만 색이 전체적으로 조화로운 눈썹을 선호한다.

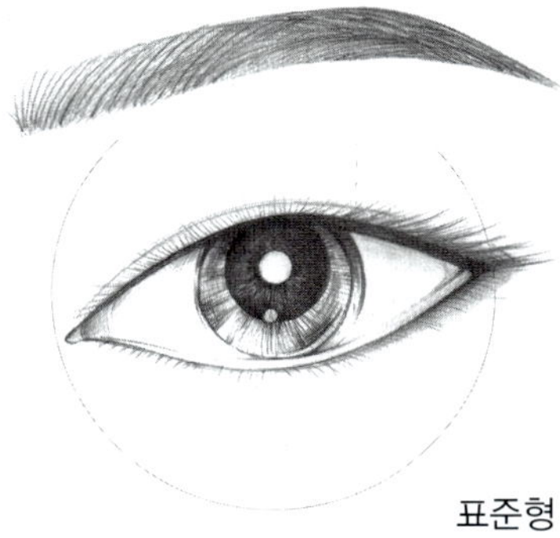
표준형

■ 일자형 눈썹

눈썹 숱이 많고 진하면 남성적인 이미지를 줄 수 있지만 가늘고 흐린 경우엔 젊고 귀여운 이미지를 줄 수 있다. 얼굴 폭이 넓어 보이는 효과가 있어 얼굴이 길거나 폭이 좁은 얼굴에 적합하다.

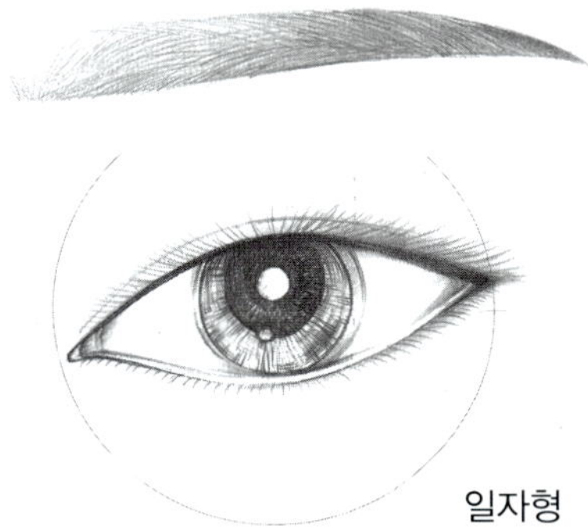
일자형

■ 처진형 눈썹

어려보이고 귀여운 이미지를 주지만 우울한 인상을 줄 수 있기 때문에 눈의 기울기를 고려하여 전체적인 조화를 이룰 수 있게 하여야 한다.

■ 상승형

동양적이며 개성이 강한 눈썹의 형태로 둥근 얼굴이나 각진 얼굴에 어울린다.

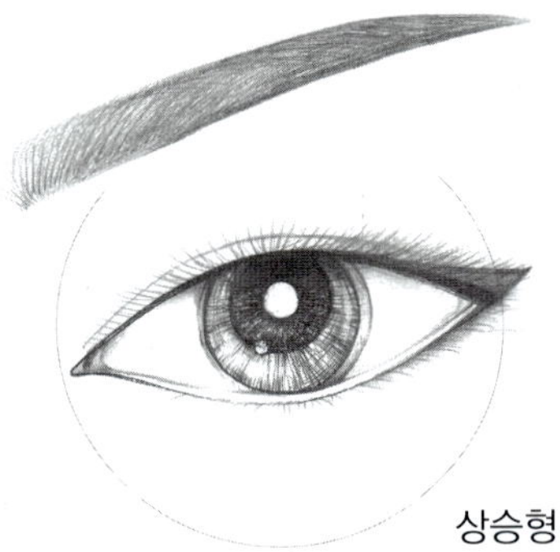
상승형

■ 각진 눈썹

지적이며 세련된 이미지를 주며 기본형에 비해 눈썹꼬리가 길게 빠지기 때문에 눈의 크기도 더 커 보이는 효과가 있다. 둥근 얼굴에 잘 어울린다.

■ 아치형 눈썹

우아하고 여성적인 이미지를 주며 눈썹이 가늘기 때문에 섬세하고 성숙한 이미지를 준다. 삼각형, 역삼각형, 다이아몬드형 얼굴이나 이마가 넓은 얼굴에 잘 어울리지만 현재는 나이가 들어 보여 유행하지는 않는다.

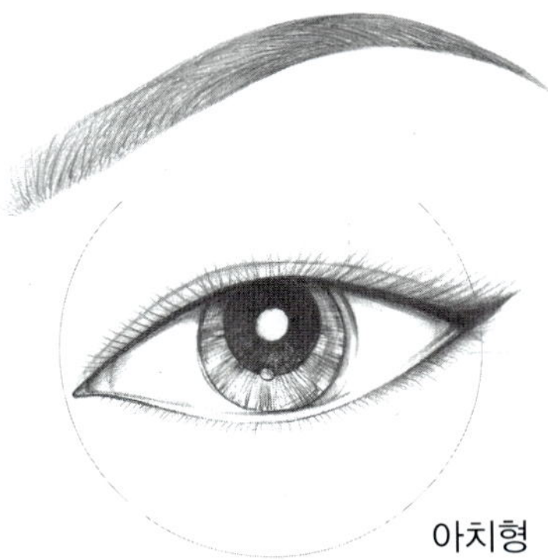
아치형

EYEBROW WORK

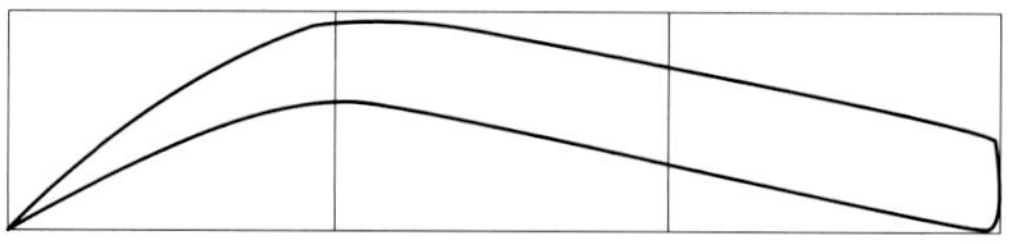

※ 오른쪽 · 왼쪽을 동일하게 그려준다.

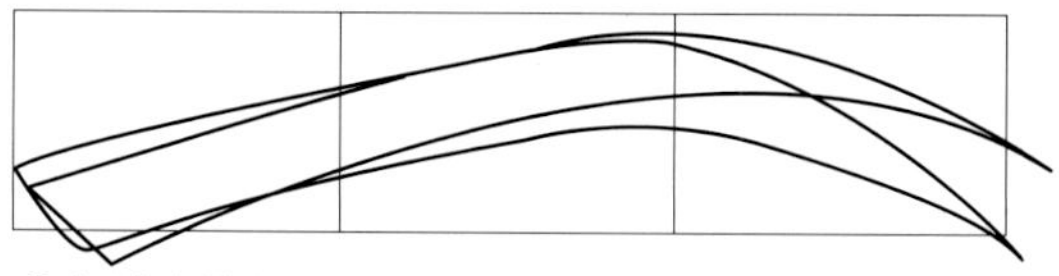

① 눈썹의 형태를 잡는다.

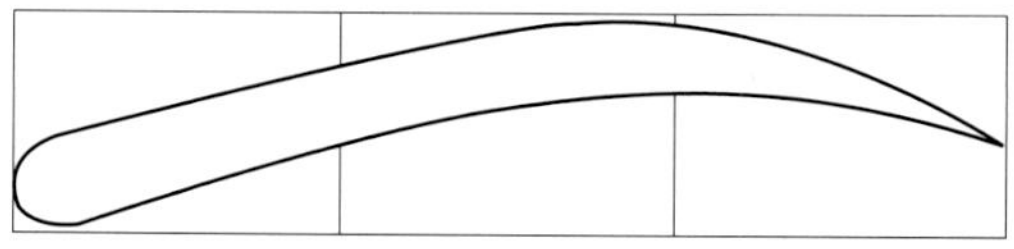

② 눈썹의 결을 살려 묘사하여 준다.

Tip 눈썹의 기본틀을 만들고 여러가지 형태의 눈썹을 그리는 연습을 하도록 한다.

EYE WORK

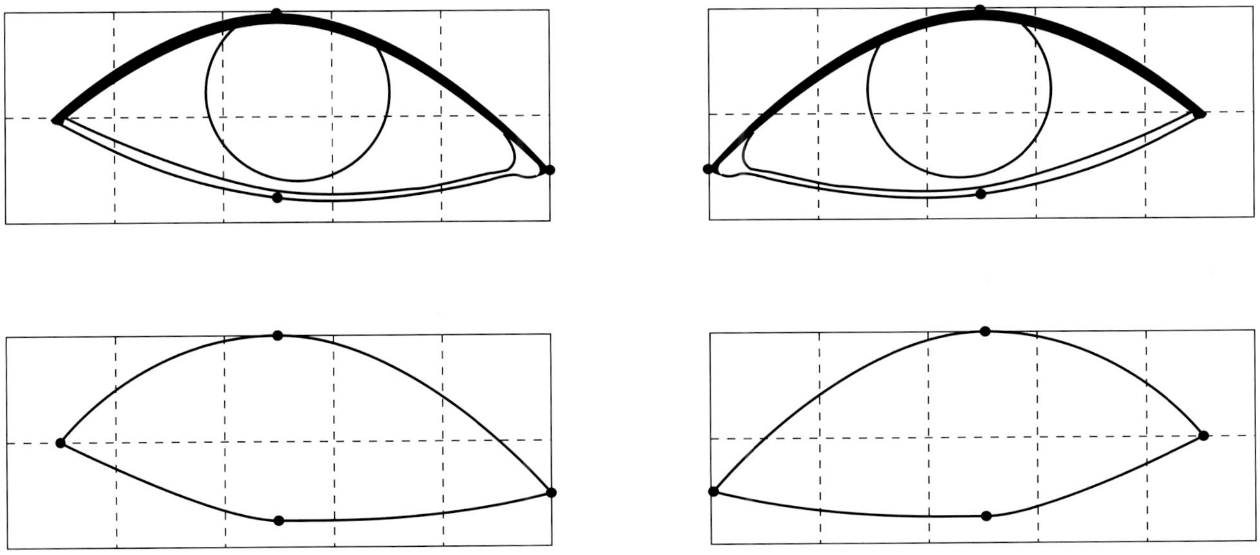

2) 코의 표현

얼굴의 중심인 코는 가장 눈에 잘 띄어, 그릴 때는 평면에 입체적 표현을 하기 때문에 너무 세밀한 묘사보다는 정확한 위치와 덩어리감 정도를 표현해서 그리는 것이 전체적으로 조화롭다. 일러스트에서는 가벼운 선이나 명암으로 나타낸다. 표현의 정도에 따라 간단한 점으로 생략 기법을 사용하기도 한다.

뷰티 일러스트에서는 표현하고자 하는 얼굴 이미지나, 코의 형태에 따라 콧등과 콧볼의 너비를 정한다. 코의 길이에 따라 얼굴의 길이가 달라 보이며, 눈썹 시작선에서 코벽으로 자연스럽게 섀도우로 연결시키는 것이 자연스럽다.

■ 정면 코 그리기

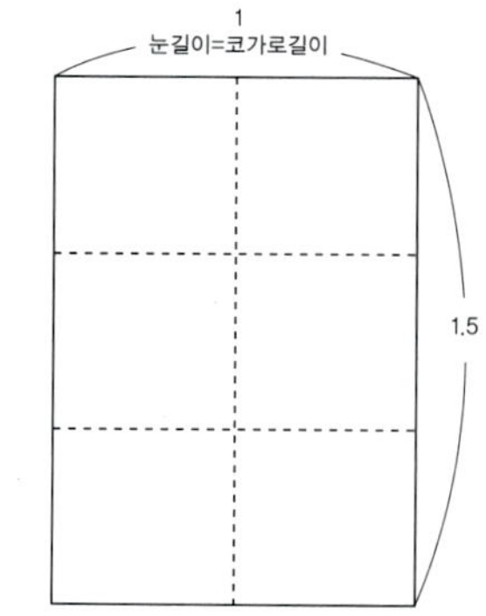

① 1 : 1.5로 그린후 가로는 2등분, 세로는 3등분한다.

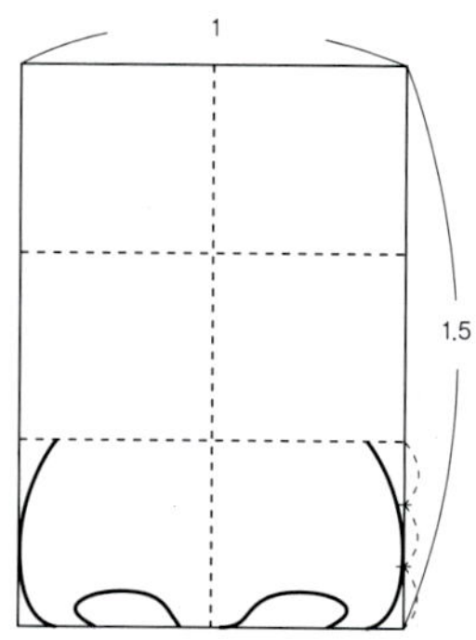

② 맨 아래칸 (1/3) 콧볼과 코끝을 그려준다.

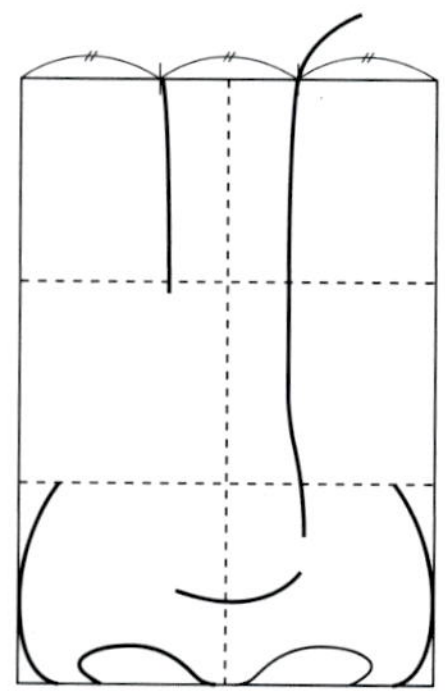

③ 코에서 가장 얇은 부분 1/3보다 조금 작게 잡아준다. 콧등을 그려준다.

■ 측면 코 그리기

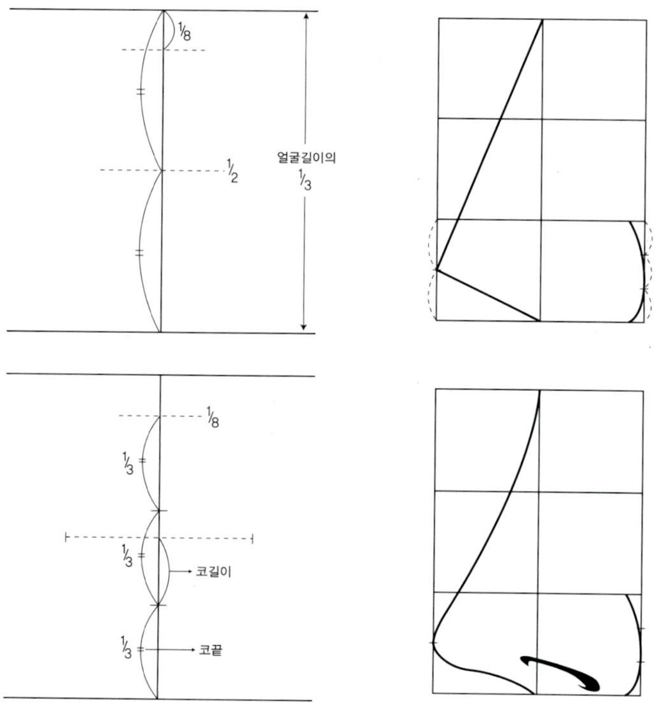

자연스럽게 선을 연결하여 코의 형태를 그려준다.

(1) 정면

① 코를 상자형으로 단순화시켜 생각한다. 가로와 세로의(3:5, 1:2) 전체적인 비율을 생각하고 콧대와 콧볼을 위한 가이드 선을 그린다.

② 콧망울은 중심선에서 좌우 대칭으로 그린다. 이 때 코의 모양이 결정되므로 그리고자 하는 이미지에 맞게 그려 주어야 한다.

③ 좌우 균형을 체크하고 콧망울과 콧구멍, 코의 끝을 둥글게 그린다.

④ 코의 음영을 생각하며 음영을 넣는다.

(2) 사면

① 콧대의 기울기를 잡고, 상자형으로 그린다.

② 콧망울과 코끝을 둥글리며 그려준다.

③ 코의 아랫선은 코끝과 콧망울의 1/2로 그린다.

④ 자연스런 코의 음영을 넣어 완성한다. 빛에 따라, 빛을 받는 부분은 부드럽게 약하고 섬세하게 그리고, 그늘 진 부분은 진하게 강한 선으로 그려 입체감을 더해준다.

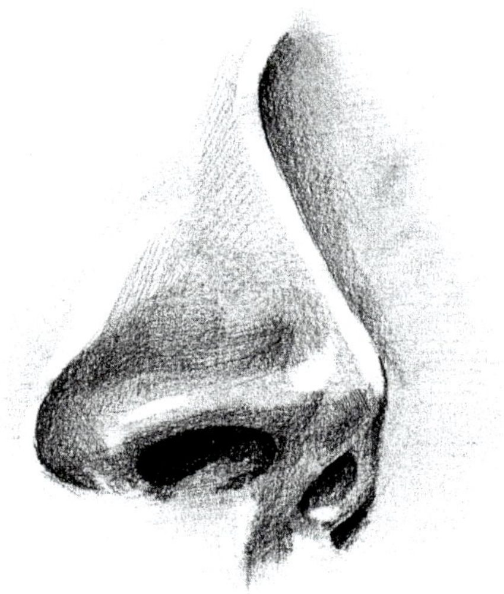

(3) 측면

① 평면으로 그린다.

② 코끝과 콧망울을 둥글게 하고, 비공에 명암을 준다.

③ 코 밑은 콧망울에서 코 끝의 1/2로 그리고, 콧날은 약간 치켜 올리는 것 같이 그린다.

④ 선의 강약을 살리고, 음영을 넣어 완성한다.

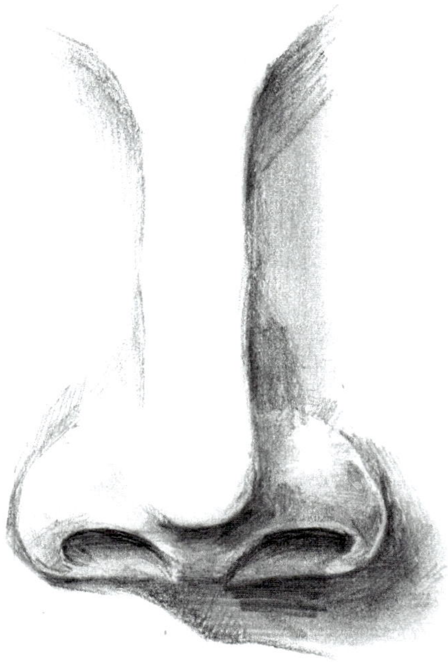

같은 비율안에서 코 높이에 따라 기울기를 다르게 그려준다.

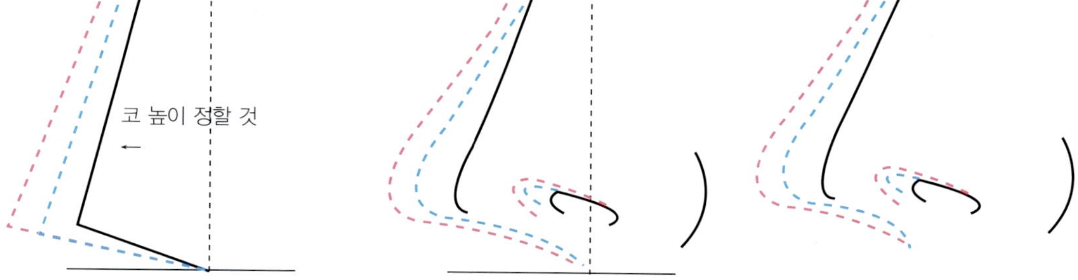

Tip. 코 높이에 따라 콧구멍의 사이즈도 함께 비례하여 변화한다.

3) 입의 표현

입을 그릴 때는 입의 구조를 파악하고 그리는 것이 중요하다. 처음 그리는 사람은 입술을 평면적으로 그리거나 입술의 부분적인 기울기를 강조하여 찌글거리는 입술을 표현하게 된다. 전체적인 덩어리를 우선 파악하여, 턱뼈를 따라 둥근 형태의 치아, 치열을 고려하여 입술을 그리는 것이 요령이다.

입술은 입체적이며 평면이 아닌 곡면이다. 두꺼운 입술의 사람과 윗 입술이 곡선 라인의 사람은 정열적으로 보이며, 입술이 상대적으로 얇은 경우 약간은 차갑고 냉소적이며, 지적으로도 보일 수 있다.

입의 표정에 의해 사람 얼굴의 표정도 달라지므로, 여러 가지 표정을 생각하여 그려주면 다양한 입술의 표현을 할 수 있다.

입술을 그릴 때, 주의 할 것은 보통의 상태(특별하게 광선이 안 닿을 경우)에선 윗입술과 아랫입술이 모여진 한가운데 라인이 가장 진한 부분이 된다. 입 가장 자리는 강한 포인트가 되며, 그 다음 진한 선은 아래 입술선이다. 형태를 완성한 후 입술에 색감을 부여하면 생동감을 주고 입술의 형태를 수정 · 보완할 수 있다.

입술의 형태

1. Basic : 입술선에 가장 가깝게 자연스럽게 그려 주며 모델의 입술형태에 따라 달라 질 수 있지만 좌우 대칭을 맞추어 주고 기본 비례에 가깝게 그려준다.

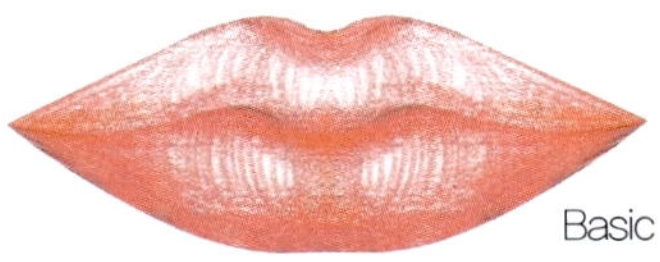

Basic

2. Round : 입술을 전체적으로 부드럽고 완만한 곡선으로 그려 주는 것으로 부드러운 인상을 연출할 수 있다.

Round

3. In curve : 원래의 형태보다 안쪽으로 그려주는 형태로 귀여운 이미지 연출.

In curve

4. Out curve : 원래의 형태보다 바깥쪽으로 그려주는 형태로 섹시하고 도발적인 이미지 연출.

Out curve

5. Straight: 직선형의 입술로 지적이며 도시적인 이미지 연출

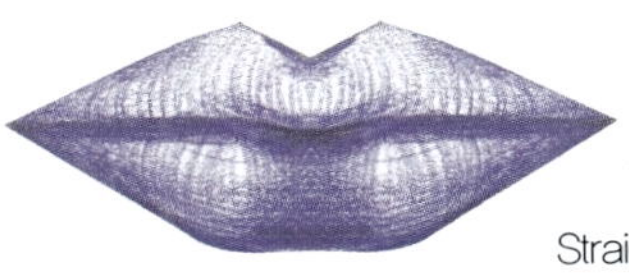

Straight

입술 그리는 방법

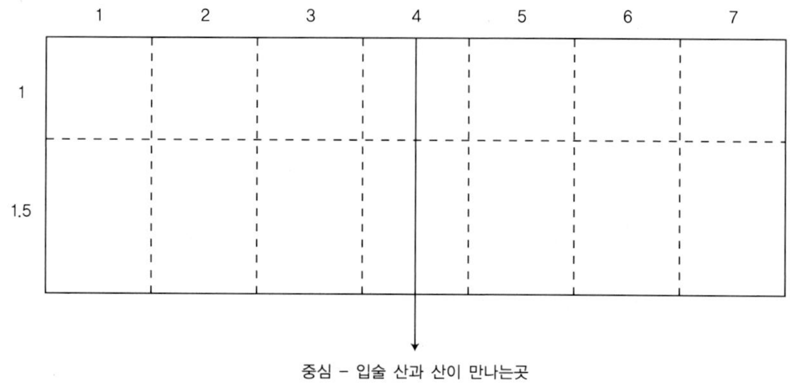

① 입술의 비례에 맞추어 선을 그린다.

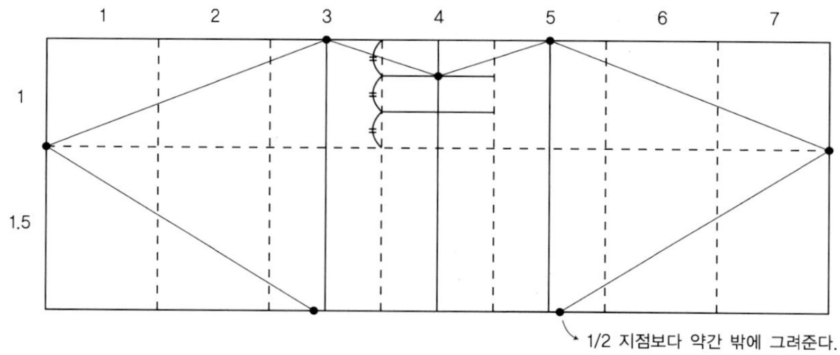

② 입술의 끝과 끝, 입술산, 입술아래 부분에 필요한 점을 찍어 기준선을 그려준다.

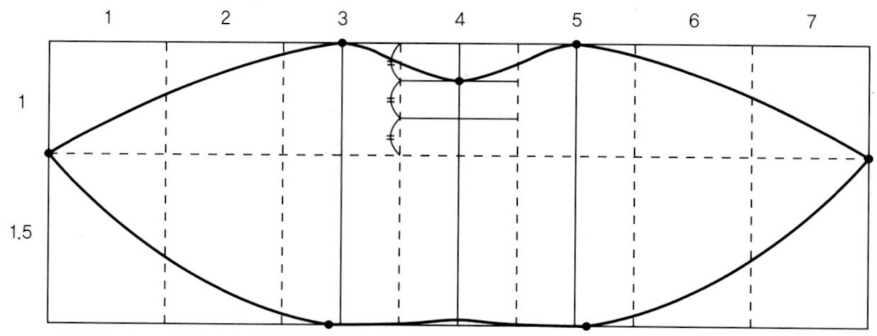

③ 전체적으로 밖으로 나온듯한 곡선으로 그려준다.

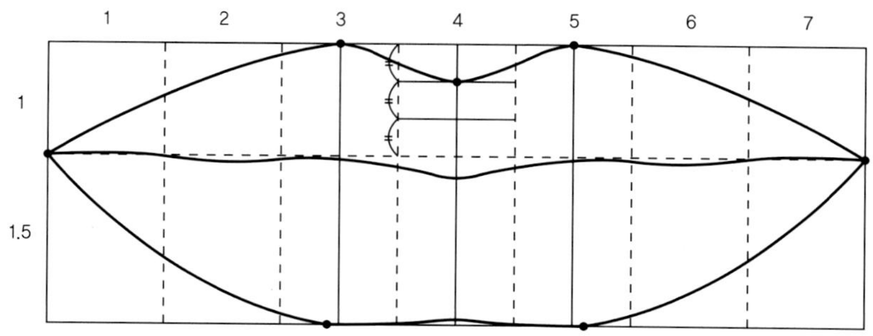

④ 윗입술을 따라 윗입술과 아랫입술이 만나는 부분을 그려준다. 칸1, 7은 약간 직선으로 그려주고 칸2, 6은 약간 아래로 향하는 곡선 칸3, 5는 입술산과 비슷한 곡선을 그려준다.

(1) 정면

① 입술의 두께에 맞는 직선을 그려 입의 크기를 정하고, 정면 방향의 입술은 중심선에서 좌우 대칭형으로 그리도록 한다.

② 산 모양의 윗입술과 아랫입술을 그린다. 이때 윗입술은 아랫입술보다 두께가 얇아지도록 한다.

③ 입 가장자리를 약간 올려 그리고, 전체적으로 모가 없이 둥글게 그린다.

④ 입술에 음영이 지므로 선에 강약을 표시하며, 윗입술의 경우 부드럽게 그리며 표현한다.

⑤ 입술 전체에 명암을 넣어주되 윗입술을 아랫입술보다 어둡게 그려주며 아랫입술은 볼륨감을 살려준다.

⑥ 하이라이트를 넣고 완성한다.

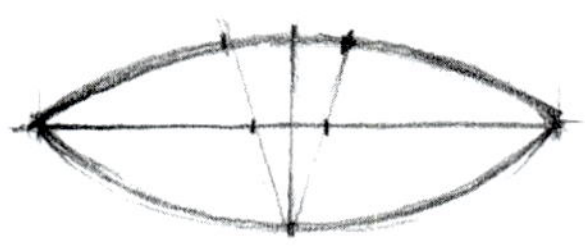

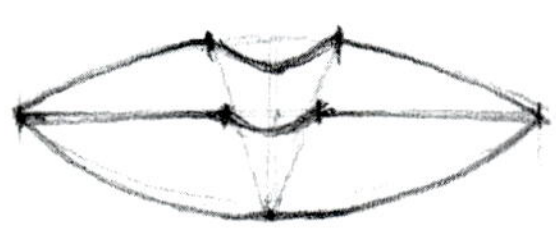

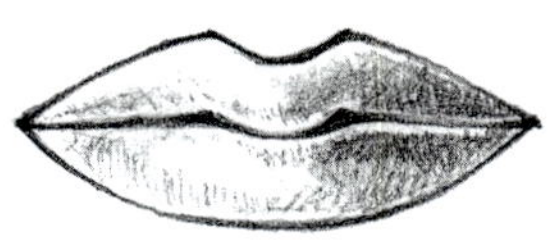

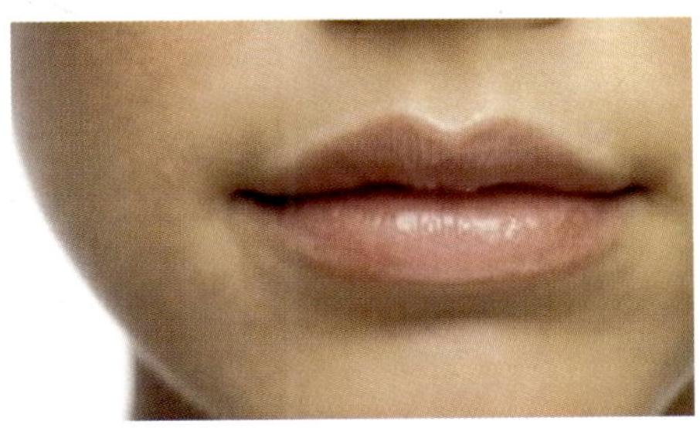

(2) 사면

사면으로 본 입의 비율은 보편적으로 중심에서 6:4의 비율로 잡아준다. 입 가장자리가 가볍게 올라가면, 젊고 싱그럽게 보이고, 조금 내려 그리면 슬픈 표정이나 화가 난 듯하게 보이게 된다.

① 사면으로 본 입의 비율은 얼굴의 방향에 따라 보여지는 면적이 다르다. 코를 따라 중심에서 비율을 잡고 상 · 하 입술을 그려준다.
② 입술 가장자리를 올려 그리면서 전체적으로 모가 없이 둥글게 그린다.
③ 입술에 음영이 지므로 선에 강약을 표시하며 빛의 방향을 이해하면서 강약을 조절한다
④ 입술선의 강약을 살리고, 하이라이트를 넣고 마무리하여 완성한다.

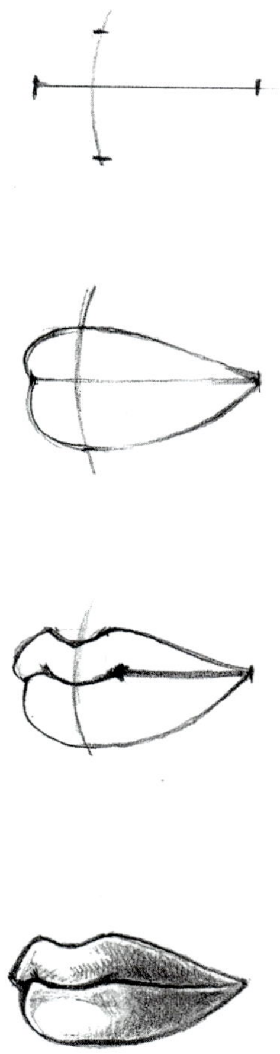

(3) 측면

측면에서 본 입술의 모양은 오목하지 않도록 주의하여 그린다.

① 윗입술보다 아랫입술이 안으로 들어가게 그린다.

② 상 · 하 입술을 그린다.

③ 입술에 선의 강약을 살려가며 그려주고 명암을 넣어준다. 일반적으로 윗입술을 더 어둡게 표현한다.

④ 세부묘사를 하고 완성한다.

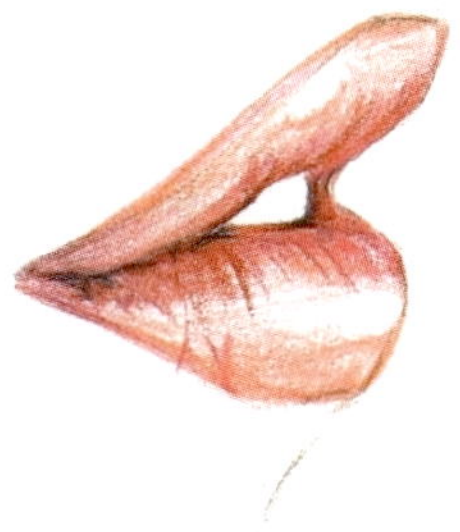

4) 귀의 표현

귀는 통상적으로 둥글며 완만한 기울기를 가질 때 아름답게 보인다. 형태상 각지거나 살 부분이 적으면 심술궂고 원만하지 못한 성격을 암시한다. 따라서 귀를 그릴 때는 달걀 형태로 안정감 있게 그린다. 얼굴보다 뒤쪽에 위치하기 때문에 정면의 모습에서는 귀의 형태 정도만 그려주고 측면이나 사면에서는 귀의 형태를 자세하게 그려준다.

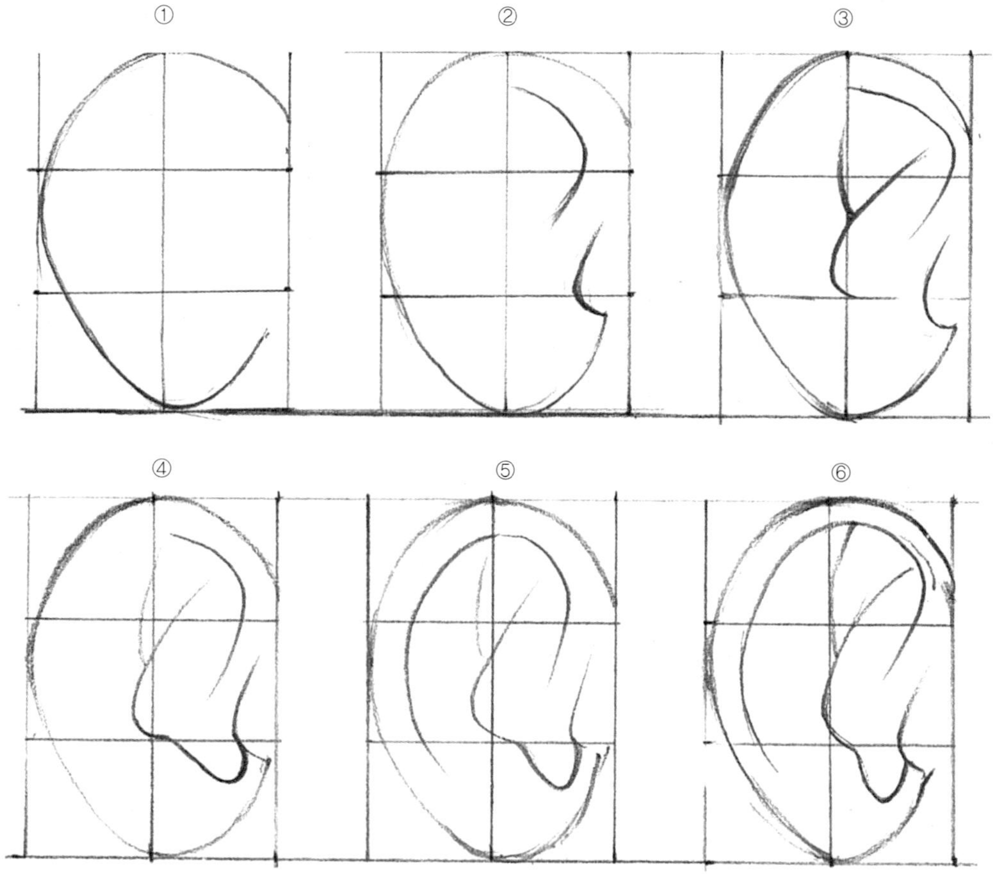

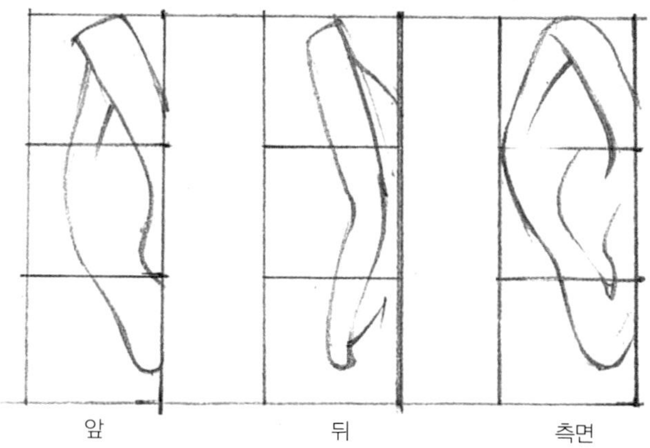

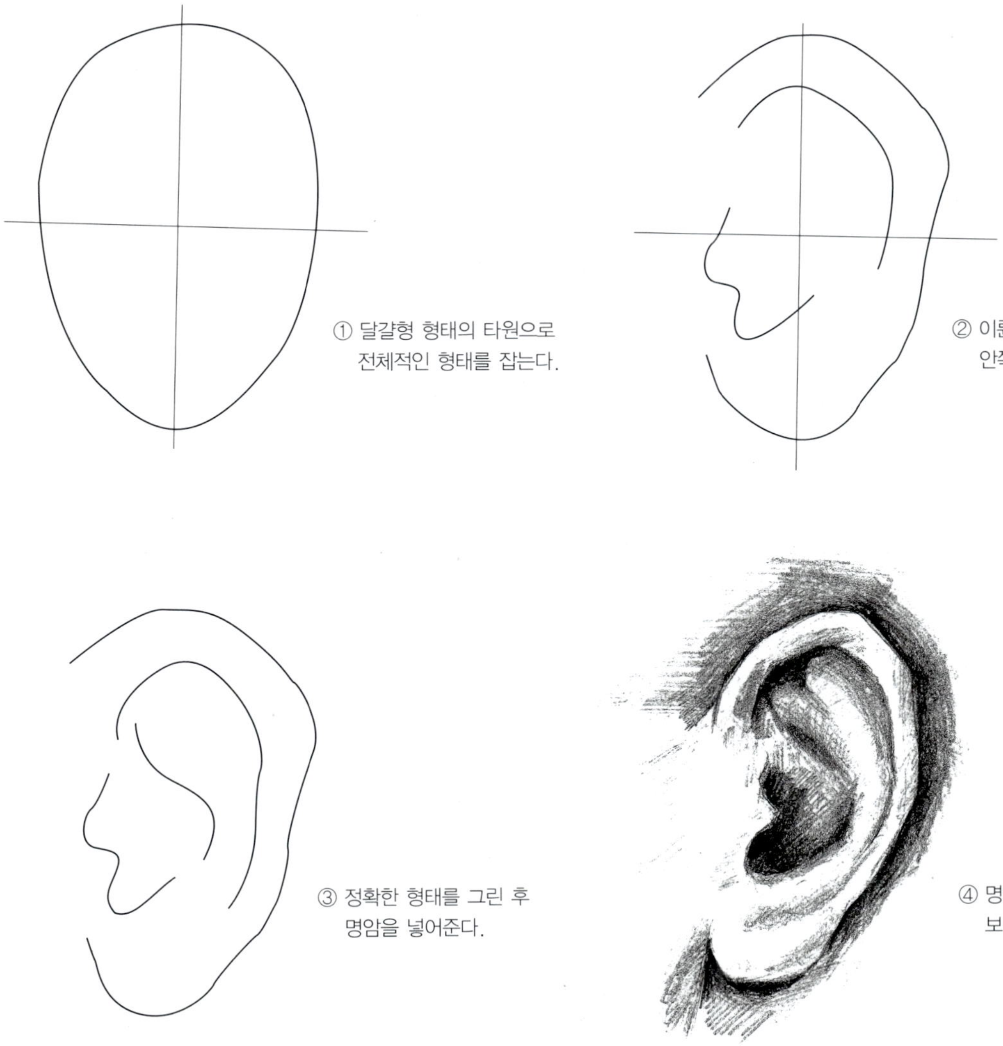

① 달걀형 형태의 타원으로 전체적인 형태를 잡는다.

② 이륜외형을 따라 안쪽을 그린다.

③ 정확한 형태를 그린 후 명암을 넣어준다.

④ 명암을 넣어 입체적으로 보이도록 한다.

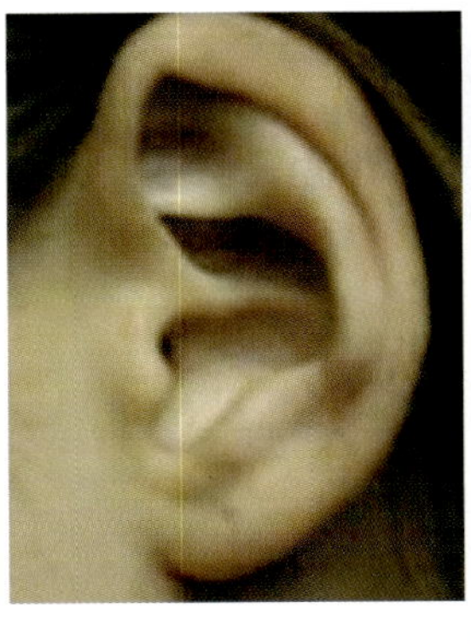

3. 얼굴 그리는 방법

1) 여성 얼굴

(1) 얼굴 그리는 법 (정면)

① 얼굴의 프로모션을 생각하며 계란형으로 대략의 윤곽을 잡는다.
② 얼굴의 중심선을 그리고 얼굴 안의 형태를 생각하며 길이를 3등분하고 목선도 그려 넣는다.
③ 눈, 코, 입, 눈썹 등을 그려 넣는다.
④ 헤어스타일의 모양과 흐름을 그려 넣는다.
⑤ 머리에 음영을 넣고 전체적으로 얼굴을 정리하여 완성시킨다.

Tip. A4 용지 1장에 1단계씩 그리며 연습한다. 크게 그려야 틀린 비례감을 빨리 찾아 낼 수 있으며 그림을 잘 그릴 수 있다.

이때 눈과 눈 사이의 거리는 눈 하나 정도의 길이다.
코의 끝과 입의 중앙은 항상 중심선 위에 위치시켜야 하며 코의 넓이는 눈의 넓이와 비슷하게, 그리고 입술의 끝 지점은 눈동자의 안쪽 지점과 연장선상에 놓이도록 한다.

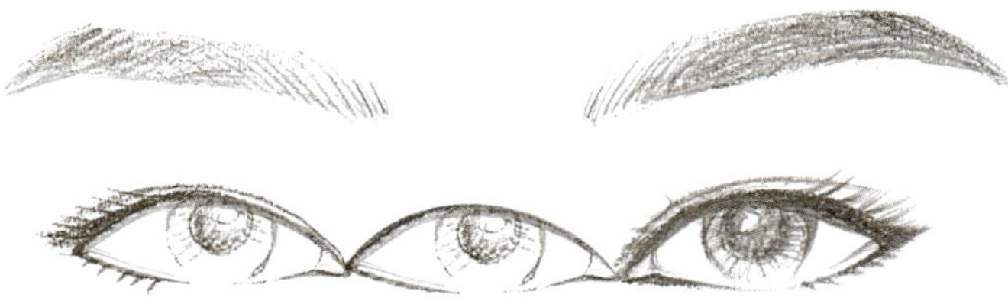

눈과 눈 사이의 거리는 눈 하나 정도의 길이이다.

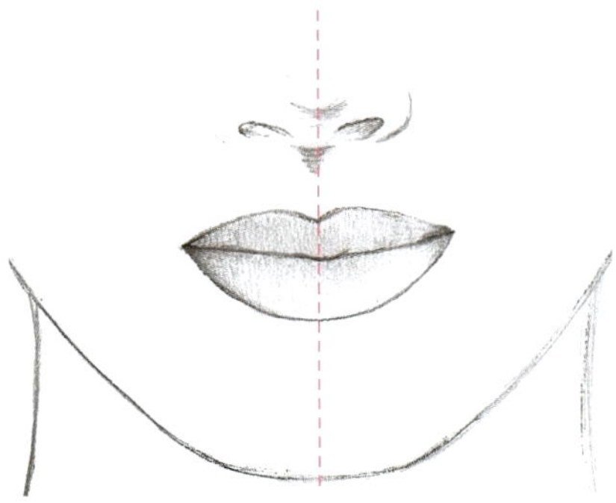

코의 끝과 입의 중앙은 항상 중심선 위에 위치 시킨다.

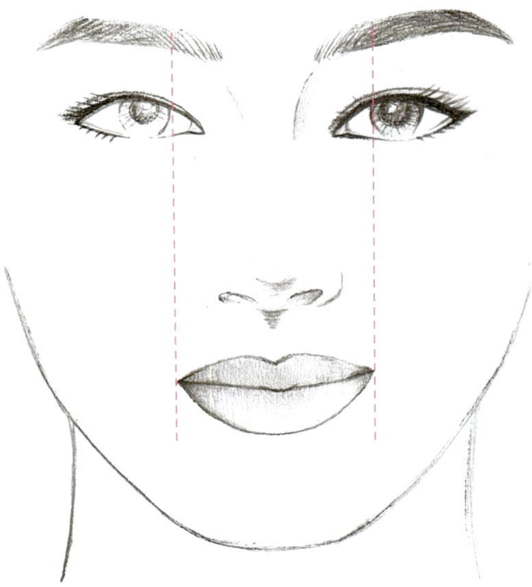

입술의 끝 지점은 눈동자의 안쪽지점과
연장선상에 위치시킨다.

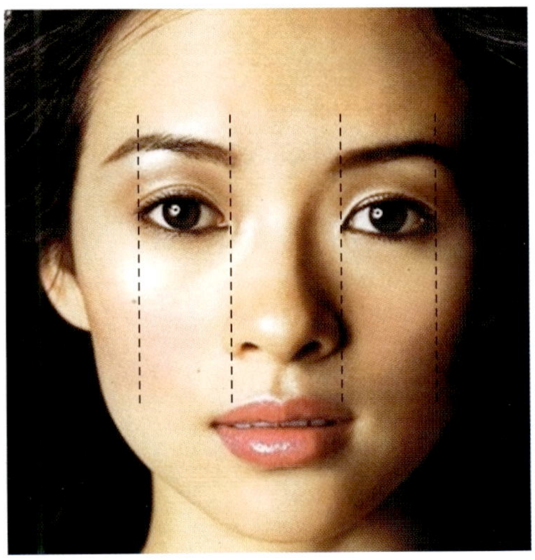

정면

정면

내려 보는 정면

올려다 보는 정면

① 정사각형을 1/2로 나누고 세로는 6등분한다.

② 6/4면적의 큰원과 2/6면적의 작은원 그리기

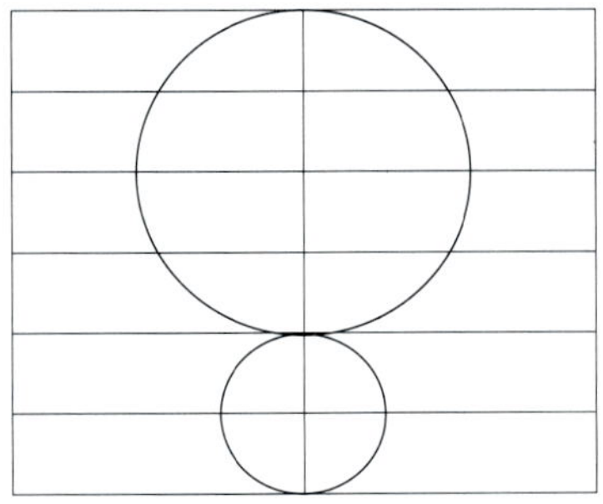

③ 큰원과 작은원을 연결하여 얼굴 윤곽을 그리고 1/2 위치에 눈의 크기를 잡고 가로로 등분한다.

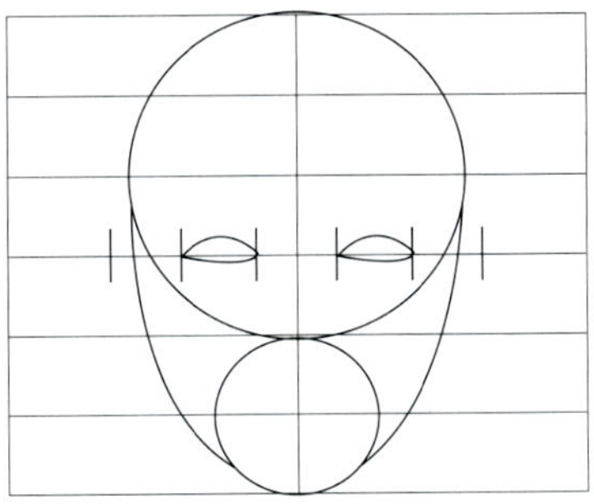

④ 눈의 위치를 잡고 4/6 위치에 코를 5/6 위치에 적당히 입을 그려준다.

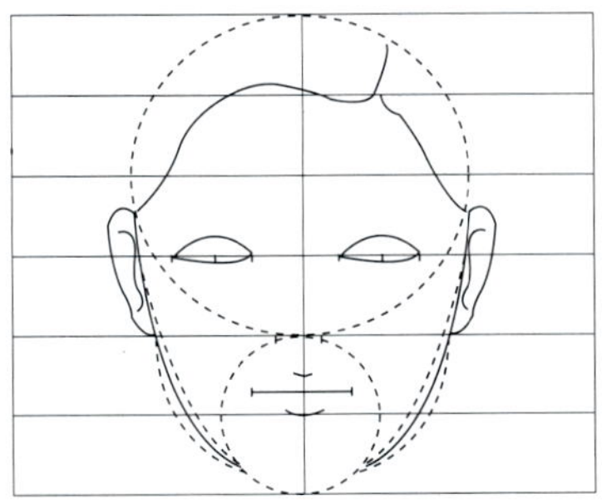

⑤ 전체적인 얼굴의 이미지를 생각하며 눈의 기울기, 눈썹의 형태, 입술의 크기를 결정하여 그려준다.

⑥ 명암을 넣어주며 눈동자와 눈썹 머리카락등을 섬세하게 그려 이미지를 완성한다.

두개의 원을 사용하여 얼굴을 그리는 6단계

① 5:6 비율의 직사각형을 그려준다.

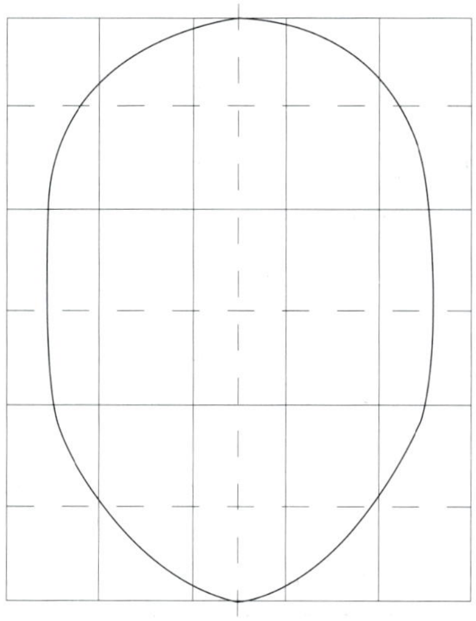

② 눈 · 코 · 입의 위치를 잡아주고 머리의 크기와 귀를 그려준다.

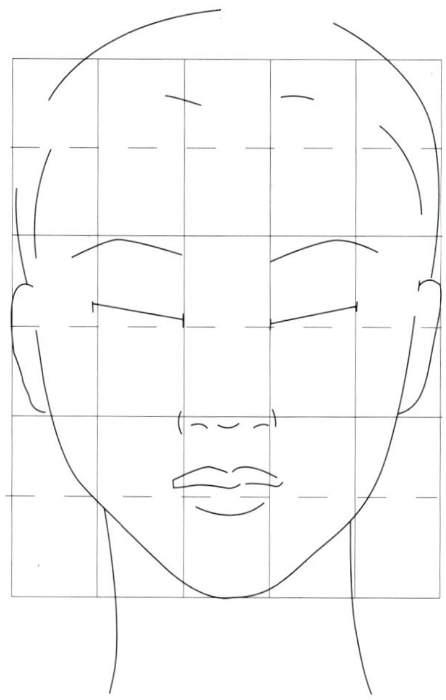

③ 그림의 이미지를 생각하며 이목구비의 형태를 그려준다.

④ 섬세하게 묘사하여 주고 명암을 넣어 완성한다.

황금비율을 사용하여 그리는 4단계

(2) 얼굴 그리는 법 (사면)

① 사면은 2/3 정도의 측면을 기본으로 하여 그리며 세로면의 비율은 정면과 거의 동일하지만 가로면은 얼굴의 각도가 얼마만큼 돌렸는지에 따라 그 비율이 달라지게 된다. 정면에서처럼 정사각형안에 얼굴의 중심선을 타원형 형태로 그리고 사면의 비례를 생각하며 얼굴의 윤곽을 잡는다.

② 사면은 코의 높이와 턱의 면이 입체적으로 보이기 때문에 형태를 그리기가 쉽다. 중심에서 코의 높이를 결정하고 정면의 위치와 동일한 부분에 선을 그린다.

③ 오른쪽과 왼쪽의 얼굴면적이 달라 보이므로 코를 중심으로 눈의 크기, 입 모양의 기울기 등을 균형감 있게 프로포션에 맞춰 그려 넣는다.

④ 헤어스타일의 모양과 흐름을 그린다. 머리에 음영을 넣고 전체적으로 얼굴을 정리하여 완성시킨다.

①

②

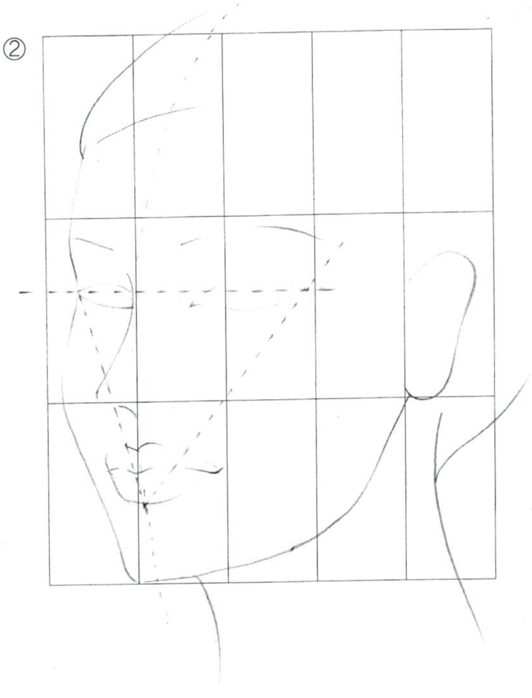

③

④

(3) 얼굴 그리는 법 (측면)

① 정면에서 처럼 정사각형 안에 얼굴의 중심선을 그리고 길이를 3(6)등분하고 5등분 선에 큰원을 그린다. 원을 따라서 턱이 내려오도록 대략의 윤곽을 잡으며, 측면의 비례를 생각하며 얼굴의 윤곽을 잡는다.

② 머리의 정수리에서 코까지 흐르는 선과 입의 경사를 생각하며 정면의 위치와 동일한 부분에 선을 그린다.

③ 얼굴 내부의 부분들을 프로포션에 맞춰 그려 넣는다.

④ 헤어스타일의 모양과 흐름을 그린다.

⑤ 머리에 음영을 넣고 전체적으로 얼굴을 정리하며 완성시킨다.

측면

올려 보는 측면

내려 보는 측면

측면의 다양한 기울기

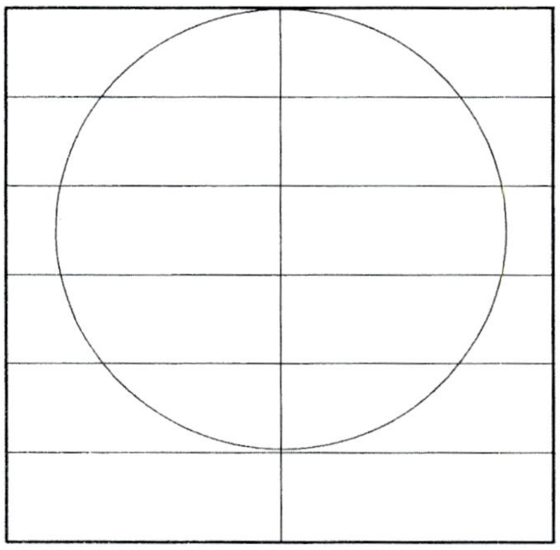

① 정사각형을 6등분하고 머리형태의 둥근원을 그려준다.

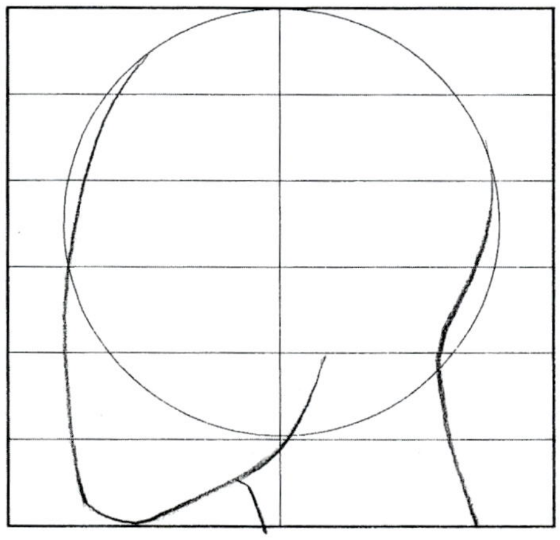

② 둥근원을 머리 형태로 생각하고 옆모습 라인을 그려준다.

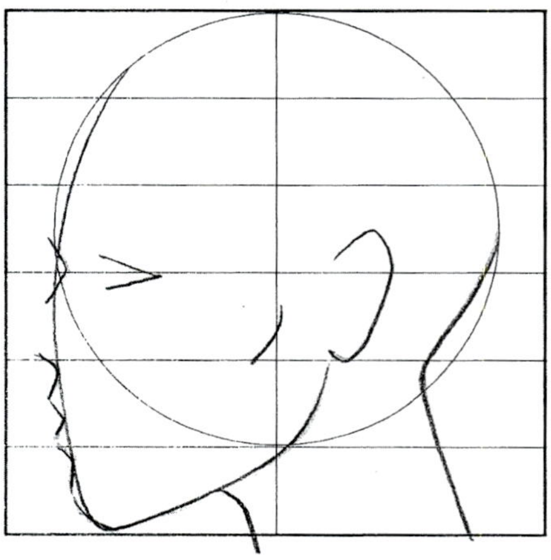

③ 앞얼굴과 같이 1/2 위치에 눈 4/6 위는 콧등의 위치를 그려준다.

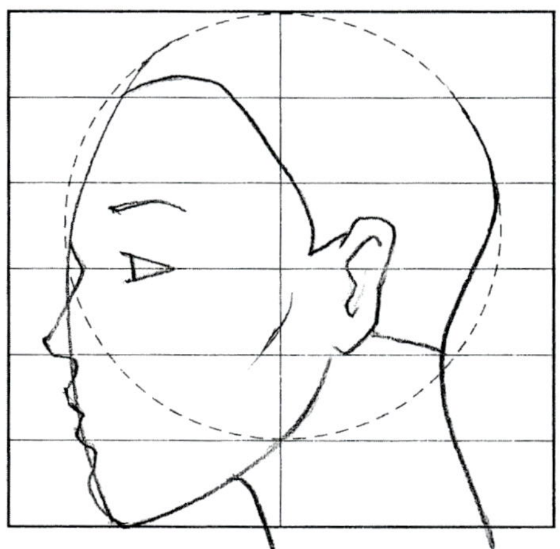

④ 얼굴의 내부를 프로포션에 맞춰 그려 넣는다.

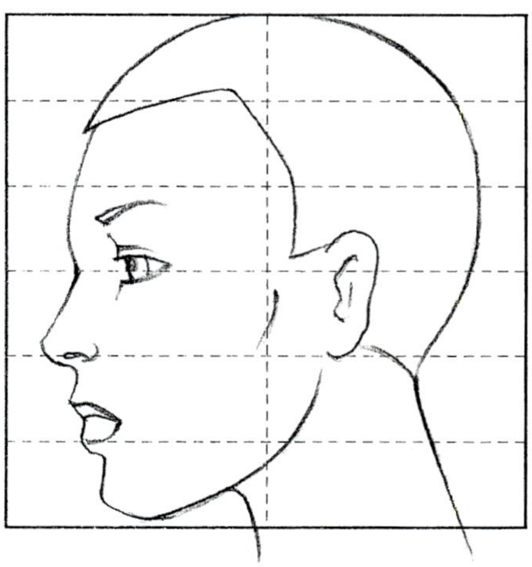

⑤ 눈동자등 얼굴의 전체적인 이미지를 결정한다.

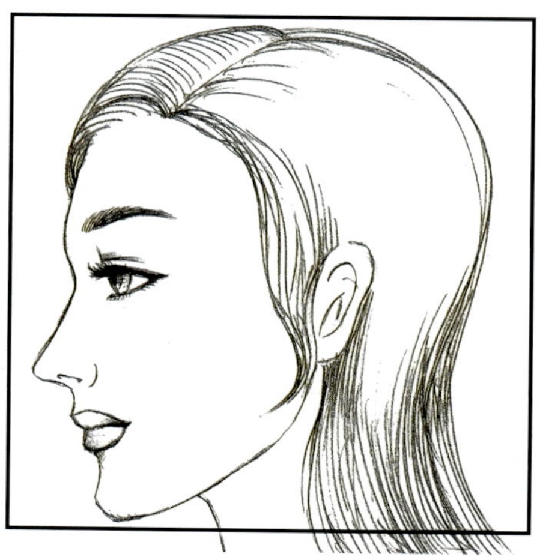

⑥ 명암을 넣고 머리카락 등의 섬세한 표현을 하여 얼굴을 완성한다.

얼굴의 다양한 이미지와 각도

2) 남성 얼굴 그리는 방법

남성의 얼굴은 전체적인 느낌을 둥글지 않게 표현하며, 약간 각이 진듯한 직선적인 느낌으로 표현한다. 특히 남성의 눈은 여성의 눈보다 눈매가 길고 각이지고 진하기 때문에 여성과는 다르게 표현되야 한다. 따라서 여성의 눈보다 길게 그려주고, 속눈썹은 짧게, 눈썹은 굵고 강하게 그려야 한다.

여성의 얼굴과 동일한 순서로 그려주며 비례감도 거의 비슷하지만 여성의 얼굴보다는 코가 좀더 길어지고, 코가 길어진 만큼 이마 길이가 조금 짧아지도록 비례감을 맞춘 후, 턱선이 굵고 각이지게 표현해야 한다.

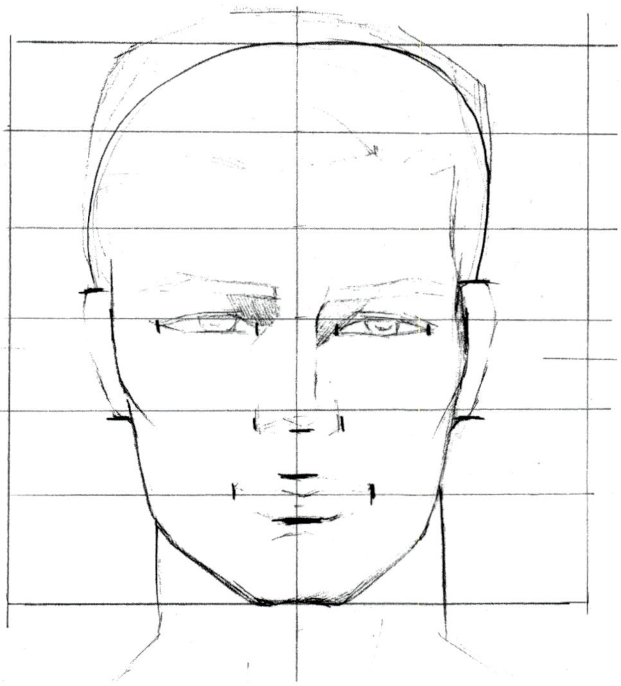

① 여성의 얼굴과 마찬가지로 정사각형을 6등분하여 위치를 잡아준다.

② 여성보다는 각이 진듯한 직선적인 느낌으로 코는 좀 더 길게 특은 각이지게 표현한다.

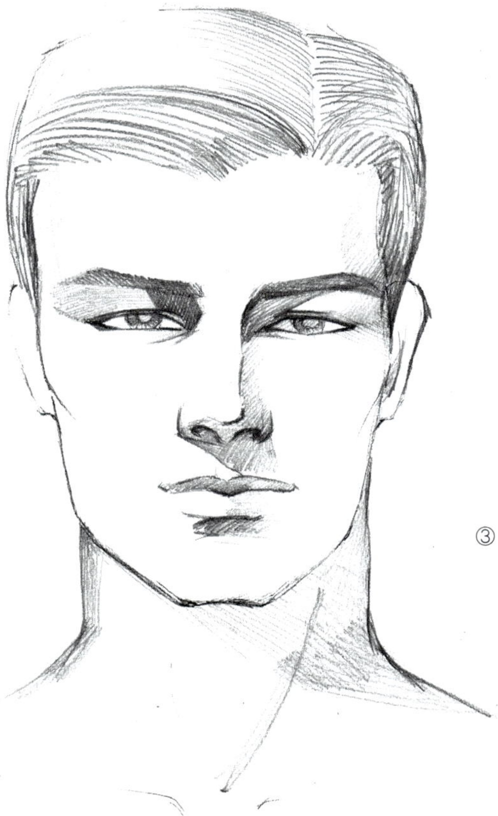

③ 눈은 작지만 길게, 눈썹은 굵고 강하게 그리며 굵은 선으로 남성의 이미지를 그린다.

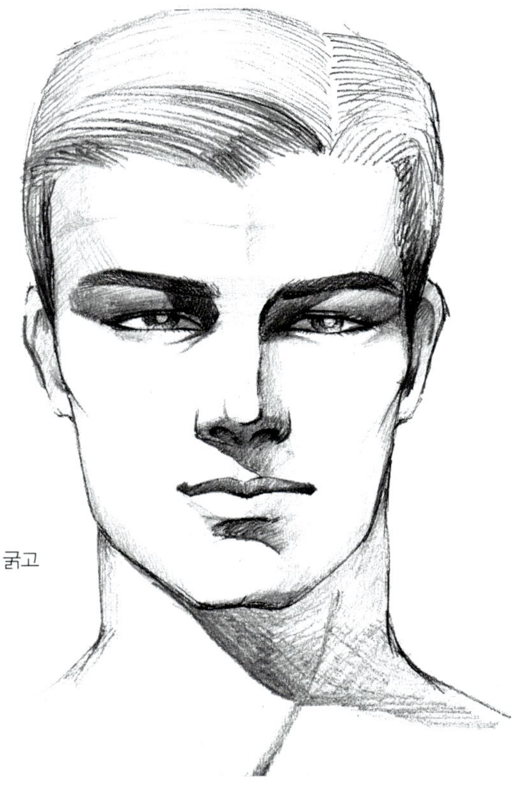

④ 완성 – 여성보다 명암도 더 강하게 굵고 직선적인 이미지를 주도록 한다.

① 측면 또한 여성과 동일한 순서로 그려주며 비례에서 코가 조금 길어지기 때문에 이마가 조금 짧아진다.

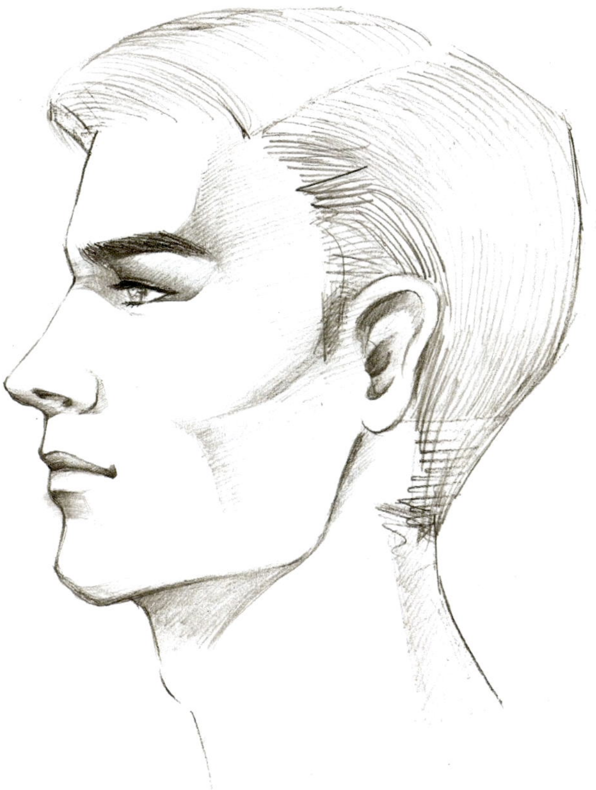

② 눈의 음영도 강하게 골격의 선도 강하기 때문에 명암 표현이 강하게 나타난다.

3) 헤어스타일 표현하기

(1) 헤어스타일 그리기

헤어스타일은 머리의 길이, 컬, 칼라에 따라 매우 다양한 스타일이 있다. 얼굴 디자인만큼 헤어스타일도 아티스트가 제시해야 할 뷰티 정보 중 하나이다. 인체에 그려질 메이크업에 맞추어 헤어스타일도 그려줘야 전체적인 컨셉이 더욱더 명확해지며 메이크업이 더 잘 표현될 수 있다. 그러므로 자연스러운 헤어스타일 표현을 위해서 곡선과 직선을 이용하여 자연스럽게 표현하는 연습이 매우 중요하다.

머리카락은 전체적인 흐름이나 명암, 빛을 받는 곳을 잘 파악한 후 그려 넣도록 한다. 전체적인 밸런스를 맞춰가며 그리는 것이 중요하다. 또한 섬세하게 표현하는 머리 헤어 스타일과 전체적인 실루엣만 그려주는 경우, 스타일에 따라 효과적인 표현방식이 다르므로 여러가지 재료와 도구, 기법을 연구하면 멋진 일러스트를 표현 할 수 있다.

웨이브

땋은머리

(2) 스트레이트

헤어스타일에 따라 전체적인 머리와 머리카락의 덩어리를 먼저 파악하여 머리카락이 흐르는 방향을 선으로 그려준다.

스트레이트는 머리카락을 하나하나 섬세하게 그려주는 표현기법과 전체의 덩어리를 양감으로 표현해 주며 자연스럽게 하이라이트 부분을 넣어주는 방법이 있다.

중간 톤 위에 어두운 부분은 명암을 넣어 자연스럽게 톤을 연결시킨다.

전체적인 명암 처리와 밸런스를 맞춰가며 완성한다

이예나

이담은

최주희

(3) 웨이브

1. 곡선을 이용하여 두상의 형태를 잡으면서 그 위에 머리카락을 그린다.
2. 머리카락의 웨이브의 흐름을 정확하게 파악한 후, 머리결의 방향에 따라 선의 방향을 이용하여 중간톤을 만든다.
3. 어두운 톤을 넣어 흐르는 곡선의 형태를 구체화시켜 주고, 섬세한 선을 이용하여 머리카락의 흐르는 느낌을 나타낸다.
4. 흐르는 듯한 약간의 컬을 가지는 헤어 스타일은 전체적으로는 스트레이트와 동일하게 그려 주며 머리카락의 끝 부분만 약간의 곡선을 넣어 자연스럽게 표현한다.
5. 전체적인 명암 처리와 밸런스를 맞춰가며 완성한다.

박진희

짧은 웨이브 헤어스타일

실루엣을 보여주는 헤어스타일

박진희

(4) 업스타일

업스타일의 구성요소는 여러 가지 모양, 볼륨, 방향성 등으로 이를 잘 표현하여야 한다.
전체적인 두상과의 비례감과 높이, 형태 등을 디자인하여 그려야 한다.
업스타일의 가장 중심이 되는 덩어리는 두상이고 그 위에 올려지는 머리카락의 덩어리감에 유의하여 디자인의 의도에 따라 섬세하게 또는 부분적인 것은 생략하고 전체적인 이미지를 그려내야 한다.

박진희

이담은

박별이

(5) 다양한 헤어스타일

Pokotilov Eugene

신명선

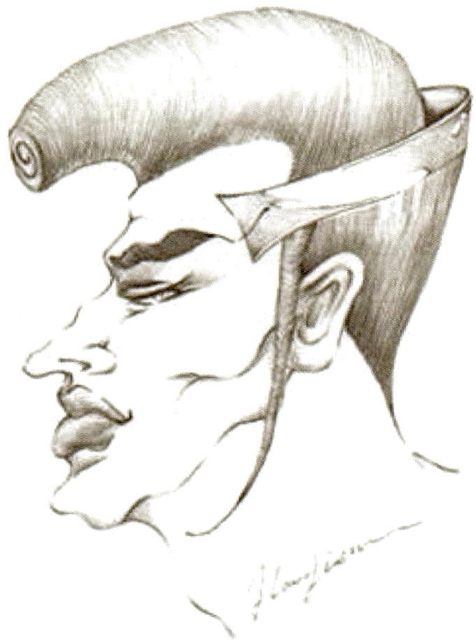

박진희

FACE WORK

PART 2

일러스트레이션 재료와 도구

인간의 풍부한 감성과 상상력에 대한 표현을 시각적인 예술로 창조한다는 것은 디자이너들에게 무한한 표현의 자유와 예술적 감동을 줄 수 있다. 아름다움을 잘 표현하기 위해서는 조형미와 구성미, 색채와 재질, 표현 도구 등을 적절히 구사하여야 한다.
여러가지 다양한 재료와 기법등을 참고하여 작품을 제작하는 데 모티브가 되고자 한다.

여러가지 재료의 사용-표현 도구 및 재료

- 메이크업 일러스트레이션은 사실적 묘사와 섬세함을 요구하기 때문에 부분적 표현과, 약동감인 강약을 적당하게 배합하는 것이 중요하다. 인물의 비율과 대칭을 기본으로 변형이 가능하며, 컨셉과 스타일에 따라 모델의 이미지와 색이 결정되기 때문에 많은 재료를 이용하여 효과적인 결과물을 완성해야 한다.

- 드로잉의 표현 방법은 크게 사실적 표현방법과 이미지 표현방법으로 나눌 수 있으며 어떠한 재료와 기법을 사용하느냐에 따라 이미지가 달라 질 수 있다. 드로잉 기법 중 수작업은 수채화, 마카, 포스터 칼라, 색연필, 파스텔 등 다양한 미술도구를 사용하여 표현할 수 있으며 직접 메이크업 재료를 사용하여 좀 더 사실적으로 표현 할 수도 있다. 최근에는 컴퓨터를 이용하여 포토샵이나 일러스트레이션 프로그램을 활용한 드로잉도 가능하다.

- 수채화 기법 중 물의 농도를 조절하는 번지기 기법은 디테일 보다는 실루엣이나 이미지 표현에 적당하며, 물을 최소한 사용하여 브러쉬의 터치감을 살리는 드라이 브러쉬 기법 등 표현하고자 하는 디자인 이미지에 적합한 기법을 사용하여 전달하고자 하는 디자인을 최대한 효과적으로 표현할 수 있도록 재료에 대한 이해를 하여야 한다.

- 이에 반해 연필, 색연필, 파스텔, 마카 등의 디자인 표현 방법은 세밀화 기법을 이용하여 디테일한 부분까지 정확하게 표현하는 방법과 전체적인 이미지 표현에 중점을 두는 이미지 드로잉 방법이 있다. 패션 일러스트레이션에서도 이러한 표현 방법은 동일하게 쓰여지나 패션 일러스트레이션은 의상의 이미지가 중요한 비중을 차지하는 반면, 뷰티 일러스트레이션에서는 얼굴 이미지가 가장 중요하다고 볼 수 있다.

- 재료에 따라 표현되어지는 그 특징이 다르므로 뷰티 일러스트레이션에 사용 가능한 재료를 살펴보면 다음과 같다.

01 기본 표현 도구

1. 종이 (Paper)

- 종이를 사용할 때는 반드시 종이 결을 알고 사용해야 한다. 일반인들은 종이 결을 판별하기 어려우므로 포장지에 붙어있는 라벨을 확인하는 것이 좋고 규격은 항상 가로×세로로 표시되어 있다.
- 종이는 두께, 즉 평량 무게로 구분되며, 가장 보편적인 종이는 평량 80g/m부터 200g/m 규격으로 80g/m는 가로세로 1m에 무게가 80g이라는 뜻이다. 이 규격은 보통 복사용지, 프린터용지, 연습장, 일반적인 책속지 등에 사용되며, 미술용 종이로는 크로키용으로 사용된다.
- 200g/m는 대부분 미술용 종이로 일반적인 캔트지, 스케치북 등으로 그 외에도 스노우화이트지, 엠보싱지, 코튼지, 일러스트보드지, 트레이싱페이퍼 등이 일러스트 작업에 적합한 종이이다.

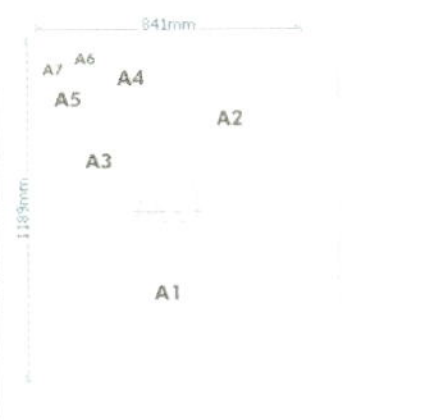

명칭	치수(mm)
A0	841 x 1189
A1	594 x 841
A2	420 x 594
A3	297 x 420
A4	210 x 297
A5	148 x 210
A6	105 x 148
A7	74 x 105
A8	52 x 74

2. 연필 (Pencil)

연필은 가장 기본적이고 전통적인 드로잉 재료로써, 다양한 연필의 종류에 따라 여러 가지 특징을 섬세하게, 부드럽게, 거칠게 표현할 수 있다. 빠르고 섬세한 밑그림, 스케치, 데생 작업에 용이하며, 명암을 다양하게 묘사할 수 있다.

1) 연필의 경도 및 농도별 용도

연필의 종류는 경도와 농도에 의해 9H, ~H, F, B, ~9B로 구분한다. H는 영어 'hard', F는 'firm', B는 'black'의 앞글자이다.

① 9H~7H : 금속면, 석재면 등 경질면에 사용
② 6H~3H : 정밀제도, 설계용
③ 2H~B : 학습, 사무필기용, 설계제도용
④ 2B~3B : 정밀묘사 속기용
⑤ 4B~8B : 소묘, 미술용

- 현재 사용되는 연필은 1795년에 프랑스의 발명가 니콜라 자크 콩테(Nicola-Jacques Conte, 1765~1805)가 흑연과 진흙을 혼합하여 연필심을 만드는 방법을 고안해냄으로서 선의 강약과 밝고 어두운 정도를 조절할 수 있는 다양한 종류의 연필을 만들어냈다.

- 좋은 연필은 필기면과 마찰 저항이 적어 글을 쓰거나 그림을 그릴때 그 선의 흐름이 좋고 심의 마모도가 적으며 잘 부러지지 않는다. 외관상 도장(途裝)면에 흠이 없고 흑심을 둘러 싸고 있는 나무의 재질이 좋아 칼이나 연필깎이로 부드럽고 깨끗하게 깎인다.

- 연필은 처음에 부드럽게 전체의 형태를 완성하고 후반에는 세밀하게 그리면서 명암을 표현하게 되는데 이때 지우개를 사용하면 더욱 좋은 양감을 표현할 수 있다.

스푸마토 (sfumato)

안개와 같이 색을 미묘하게 변화시켜 색깔 사이의 윤곽을 명확히 구분지을 수 없도록 자연스럽게 옮아가도록 하는 명암법.

레오나르도 다빈치 작

최유진

3. 펜(PEN)

- 연필의 이미지 보다 더 섬세한 작업을 할때 사용하는 펜은 굵기에 종류도 다양하고 색상 또한 다양하게 있다.
- 펜을 이용한 작업은 섬세한 설계도면을 그리는 제도 용구의 하나로 선을 긋는 데 쓰이는 제도펜(로트링펜)의 일종으로 원래는 독일의 상표명이었는데 지금은 보통 명사화되어 사용되고 있으며 테크니컬 펜technical pen)이라고 한다. 주로 건축설계사나 디자이너, 일러스트레이터들이 애용하는 재료로 깔끔하고 완성도 있는 그림을 그릴 수 있으며 정밀묘사가 가능하다. 또한 다른 재료와도 혼합이 가능하다.
- 현재는 로트링펜을 대신할 수 있는 가는 펜들이 많이 나와 여러가지 다양한 펜들을 사용한다.

로트링펜

- 섬세한 설계도면을 그리는 제도 용구의 하나로 선을 긋는 데 쓰이는 제도펜의 일종으로 원래는 독일의 상표명이었는데 지금은 보통 명사화되어 사용되고 있으며 테크니컬 펜(technical pen)이라고 한다.
- 주로 건축설계사나 디자이너, 일러스트레이터들이 애용하는 재료로 깔끔하고 완성도 있는 그림을 그릴 수 있으며 정밀묘사가 가능하다. 또한 다른 재료와도 혼합이 가능하다.
- 현재는 로트링펜을 대신 할 수 있는 가는 펜 들이 많이 나와 여러가지 다양한 펜들을 사용한다.

Hanna Müller

문나경

Yaeko Abe

박지은

Manuel Rebollo

4. 지우개

- 1772년 영국의 화학자 J. 프리스틀리가 고무의 연필 소자성(消字性)이 뛰어남을 발견한 이래 영국과 프랑스에서 사용되기 시작하였다. 고무지우개(eraser)에는 생고무를 주원료로 해서 이것을 배합 → 혼합 → 성형 → 재단의 공정을 거쳐 만드는 것과 식물유(채종유)와 염화황을 주원료로 해서 배합 → 화학반응 → 재정을 거쳐 만드는 유성(油性)고무의 2종류가 있다. 용도에 따라 연필용, 잉크용, 타이프라이터용, 잉크 · 연필용 양성고무로 나누어지며 특히 유성 고무지우개는 특수용도 클리너용이 있다.

- 지우개는 잘못된 부분을 수정하는 것 이외에도 명암조절이나 하이라이트 부분을 표현하는데 사용한다. 지우개 경도는 무른 것과 단단한 것이 있는데 목탄이나 파스텔은 무른 지우개(반죽 지우개)로, 경도가 단단한 연필을 단단한 지우개를, 잉크는 종이 표면을 벗겨내 수정하는 잉크지우개를 사용한다.

- 그림을 그릴 때는 일반용 지우개보다는 부드러운 화방용의 지우개를 사용하는 것이 좋으며, 좁은 면적에 사용할 수 있도록 알맞은 크기로 잘라서 사용한다.

- 연필로 소묘할 때는 지우개를 사용하는데 특히 소묘하는 과정에서 연필로 그리고 나서 밝은 부분을 닦아내거나 미세한 하이라이트 부분을 처리할 때 유용하다. 지우개나 손가락으로 문질러 부드러운 질감이나 명암효과를 내는 문지르기 기법 등에 사용할 수 있다.

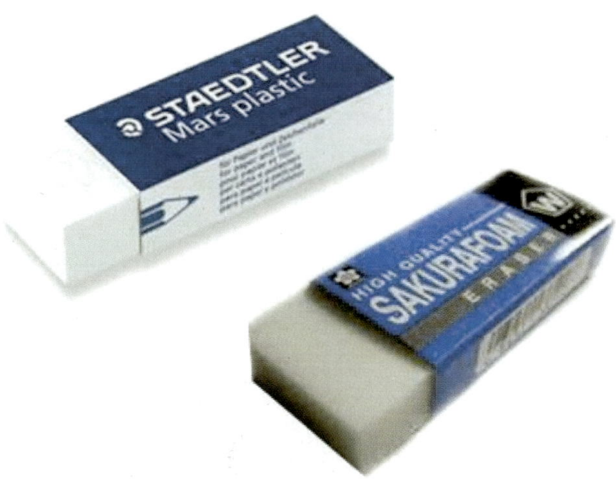

02 컬러 표현 도구

1. 색연필

디자이너와 전문가를 위한 높은 품질의 수채 색연필은 수채화 기법 및 일반 색연필 겸용으로 블랜딩(BLENDING)하기 적합하며, 유성 색연필과 수성 색연필의 차이는 수채 색연필은 물을 묻히면 그림에 색이 묻어 나와 수채화의 효과가 나오며, 유성 색연필은 물을 입혀도 전혀 변화가 없다는 점이다.

1) 수성 색연필

부드러움의 특징인 이 제품은 사용이 간편하고, 드로잉을 빨리 완성시킬 수 있으며, 납(蠟), 찰흙, 백악(白惡) 따위의 광물질 물감을 섞어서 여러 가지 색을 내게 만든 연필로 섬세하게 그리거나 작은 면적에도 사용 가능하고 잉크나 연필 밑그림에도 표현이 잘되어 작업 후에 수채화 붓을 이용하여 물을 입히면 수채화기법도 가능하다. 수정 작업시에 지우개로도 쉽게 지워지고 빛에도 쉽게 색이 변하지 않지만, 전체적인 색의 강도가 약해 표현의 한계가 있다.

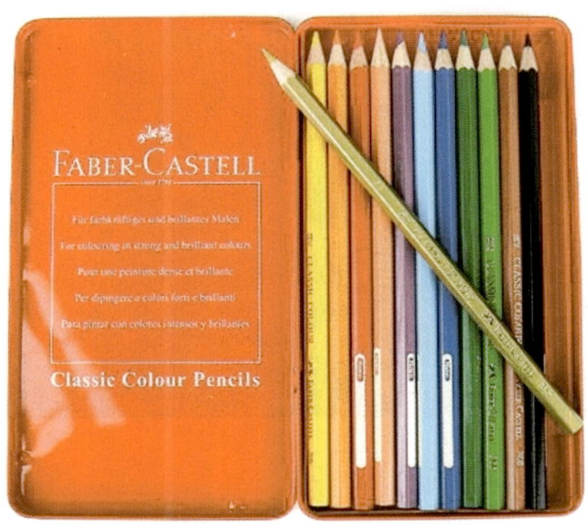

최유진

2) 유성 색연필

수성에 비해 선명하고 강한 색 표현할 수 있으며, 불투명 채색 시 사용한다. 색상 혼합은 시너나 기름 등을 솜이나 티슈에 묻혀 표현할 수 있다. 사용은 수성 색연필보다 까다롭지만 지우개로 지울 수는 있고 마카작업 후에 그 위에 유성 색연필로 작업을 하면 효과적이다.
또한, 유성 색연필은 그림을 그린 다음 위에 수채화 물감을 혼용해서 사용하면 색연필로 그린 부분이 드러나 독특한 분위기를 표현할 수 있다.

신명선

2. 파스텔

- 분말안료나 색조 조정용의 석고 또는 백점토를 미량의 점착제(粘着劑), 트라가칸트 고무와 같은 고무용액)로 응고시킨 막대모양의 묘화 재료로 크레용과 같은 납 성분은 없다.
- 수성 색연필처럼 부드러운 표현력으로 동화작가나 뷰티 분야에서 주로 사용하며, 베이스나 아이섀도우나 블러셔의 효과를 자연스럽게 표현 할 수 있다. 파스텔은 섬세한 재료로 칼과 휴지 또는 면봉을 사용하여 부드럽게 터치하는 것이 가장 바람직하며, 뷰티일러스트에서 파스텔화의 최적의 표현은 전체적인 피부표현 사용이 가장 최상이며, 여러 컬러를 믹스하여 부드러운 전체적 언더 톤을 만들면 좋은 질감의 이미지로 색을 표현할 수 있다. 밝고 부드럽고 화려한 색채감으로 포근한 이미지를 표현할 수 있으며, 색을 칠한 다음에는 붓이나 손가락, 티슈 등으로 문지르면 색조가 부드러워진다.
- 현재는 물에 거른 탈산석회로 만들어 사용하며, 입자가 곱고 불투명하지만 파스텔에는 소량의 점착제가 가해져 있어 덧칠할 수 있는 것도 특징이다. 하지만 접착력이 약해 보존을 위해서는 픽서티브를 사용하여 유리면이 닿지 않는 액자에 보관해야 한다.
- 17세기부터 사용되었고, 18세기 초 파스텔화는 프랑스 회화에서 중요한 역할을 하였다. 특히, 베네치아의 여류화가 L.카리에르가 파리에 머물면서 상류사회의 주문에 응하여 파스텔 초상화를 그린 일은 18세기의 프랑스 파스텔화를 급속히 발전시킨 중요한 계기가 되었다. 18세기에는 손끝으로 문질러 화면을 정리하고 외곽만 파스텔의 끝으로 강조하는 기법이 보급되었고, 19세기에는 드가가 색지에 파스텔로 명암을 강조하는 새로운 기법을 창안해냈고 후에 O.르동, P.보나르 등에 의하여 그 영역이 확립되었다.

O.르동

김소휘

3. 수채화 물감

- 수채화 물감(water color)은 아라비아고무를 이용해서 만든 그림물감을 물에 개어 그리는 회화기법으로 맑고 부드러운 색감을 낼 수 있으며, 물의 농도에 따라 색의 조절이 가능하고 투명하여 밑색이 겹쳐져 보이므로 색감의 깊어 보인다.

- 수채화는 먼저 밝은 색부터 점차 어두운 색으로 채색하는 것이 색채의 투명성을 유지할 수 있다. 물감이 덜 마른 상태에서 다른 색을 칠해 번지는 효과를 낼 수도 있다. 물감을 물로 희석시켜 색채의 농도를 조절하여 칠하고, 종이의 흰 면을 남겨두어 밝은 색을 표현한다. 흰색은 흰색의 종이 자체를 이용하거나 청색에 물을 많이 섞어 물의 농도를 이용하여 아주 연하게 사용한다. 가장 어두운 강조색은 물감을 그대로 쓰거나 물을 매우 적게 섞어서 사용하면 효과적이다.

- 사용하는 종이에 따라 여러 기법을 사용할 수 있고 결과물도 다르다. 주로 보편적인 일러스트보드지, 코튼지, 엠보싱지 등을 사용하며, 붓은 각 호수별 수채화용 둥근 붓과 세필(정밀 작업시)과 일자평붓 등을 사용한다.

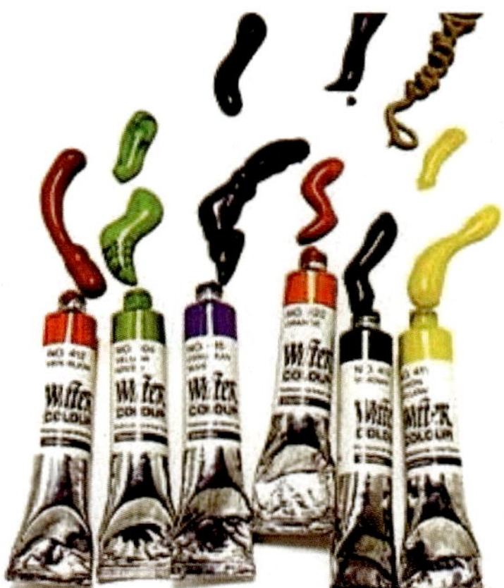

Katharine Asher

이채현

4. 아크릴 물감

- 아크릴 물감(acrylic painting)은 아크릴 에스테르 수지를 재료로 만들어진 물감이다. 아크릴 물감은 건조가 빠르고 고착력이 강하며, 종이뿐 아니라 캔버스, 나무, 유리, 신문지, 플라스틱 등 다양한 재료에 사용 할 수 있다.
- 물감이 굳으면 리무버(remover)를 사용하여 녹여야 하며, 그림을 그린 후 건조되면 수정이 어려워 건조완화제인 리타더(retader)를 사용한다. 물을 많이 사용하여 투명 수채화의 효과도 낼 수 있으며, 물감을 그대로 쓰거나 물을 소량 사용하여 두텁게 칠하여 유화 물감의 효과도 낼 수 있는 장점이 있다.
- 포스터 컬러 보다 약간의 광택을 가지고 있기 때문에 포스터 컬러로 배경색을 칠 한 후 아크릴 물감을 사용하여 질감 효과를 내면 좋은 효과를 낼 수 있다.

2012 한지수 작 포스터와 아크릴 물감

임혜영

blog 작품

5. 마카

- 마카(marker)는 펠트 또는 나일론으로 된 펜 끝으로 면에 따라 선의 굵기를 다양하게 표현할 수 있다. 투박한 느낌의 실루엣 표현이나 색을 겹쳐 칠하는 기법이 가능하다.

- 색이 여러가지이고 사용이 간편하고, 착색이 빨라 대부분의 공업 디자이너들이 사용한다. 아이디어를 빠르게 표현할 수 있는 장점으로 시각디자인, 애니메이션, 팬시 일러스트쪽에서도 두루 수용되며, 트레이싱 페이퍼를 포함한 어떤 표면에도 표현이 가능하다. 하지만 유성마카는 지울 수가 없고 거의 영구적이다. 색 혼합에 시너와 솜을 이용해 마카를 혼합하거나 착색 되기 전에 혼색도 가능하다. 마카의 재료에 따라 물이나 알코올에 용해되므로 번지게 하는 기법 등으로 독특한 효과를 낼 수 있다.

Baiba Ladida

이민재

6. 에어브러쉬

- 에어브러쉬(air brush) 기법은 컴프레서(compressor)에 의해 공기를 뿜어 노즐을 통해 전용 물감을 분사해서 그라데이션(gradation)을 가장 자연스럽게 표현할 수 있는 아트기법으로 순수 미술에서 테크니컬 일러스트레이션까지 다양한 분야에서 많이 사용된다. 에어브러쉬와 에어건(air gun)의 종류는 다양하며, 물감은 에어브러시를 통해 분사되므로 분사량을 조절하는 테크닉이 중요하다. 작품 디자인에 따라 원하는 문양을 스텐실(stencil)을 만들어서 사용하면 섬세하고 창의적인 표현을 할 수가 있다. 에어브러쉬 도구에 대한 이해가 필요하며, 그라데이션 기법을 잘 활용하면 입체적이고 예술적인 일러스트 작품을 효과적으로 연출할 수 있다.
- 또한 바디 페인팅이나 환타지에서 많이 사용되어지며 현재는 뷰티 메이크업에서 베이스를 빠르게 칠 할때 사용하며 재료가 다양하게 발달하여 네일이나 타투, 헤나 등의 작품에도 사용 된다.

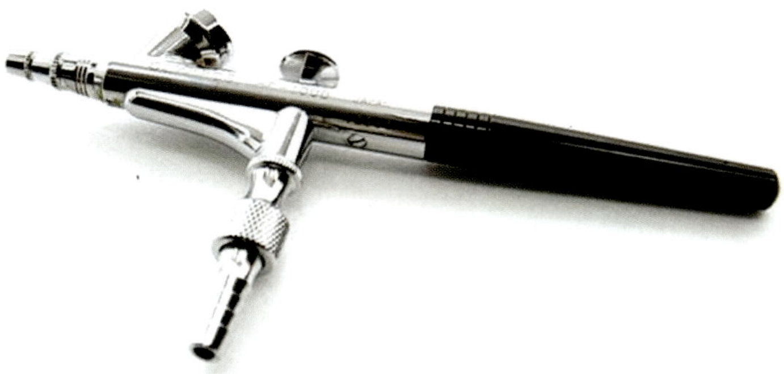

Carmen Garcia Huerta

7. 메이크업 재료

1) 아이섀도우와 색조 화장품

색연필이나 파스텔보다 입자가 섬세하여 더욱 부드럽게 색을 표현할 수 있다. 하지만 얼굴이 아닌 종이에 표현하는 것으로 착색력이 떨어져 일러스트로 표현할 때엔 색연필이나 수채화 물감 등을 사용하여 밑색을 표현하고 그 위에 색조 화장품을 사용하면 매우 효과적이다.

Yossi Bitton

2) Dust Brush

그림 위의 재료나, 지우개 부스러기, 먼지 등의 더러움을 제거하기 위한 Brush이다. 털어 낼 때는 힘을 빼고 살살 쓸어서 제거해야 한다.

3) Brush

메이크업의 색조를 사용 할때 가장 좋은 도구는 메이크업용 브러쉬이며, 일러스트 또한 예외는 아니다. 제품의 색이 뭉치지 않도록 강약을 조절하여, Eye shadow와 Cheek를 표현하도록 한다.

Yossi Bitton

4) 티슈, 코튼, 면봉

다양한 재료를 사용하는데 있어, 색상을 자연스럽게 종이 위에 착색시키기 위해 사용한다. 티슈를 접거나 말아서 색을 부드럽게 퍼뜨리거나 착색시키기 좋다.
코튼은 티슈보다는 부드러운 느낌으로, 가벼운 느낌을 표현할 때 사용한다.
면봉은 작은 면적에 재료를 착색시키는데 사용하며, 주로 Eye shadow와, 아이 브로우, 아이라인 등의 표현에 사용된다.

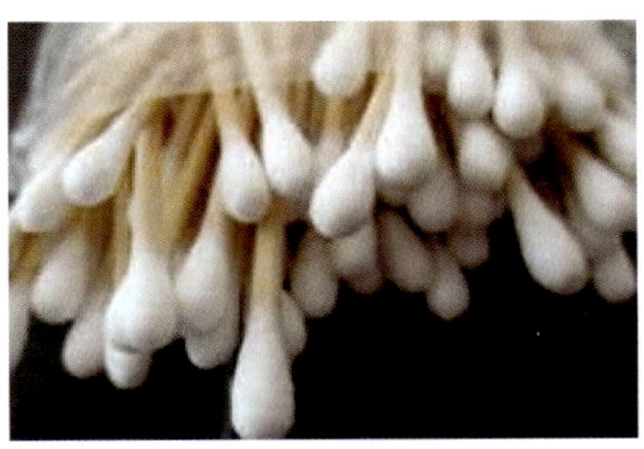

신명선

8. 작품

일러스트 작가의 작품을 따라 그리면서 작가의 기법과 재료 사용방법 등을 배워 작품에 응용할 수 있으며, 이를 통해 많은 작가의 작품을 연구하고 더 발전시킬 수 있다. 유명 작가의 작품을 응용하여 학생들이 그린 작품을 몇가지 예를 들면 다음과 같다.

1) Gabriel moreno

가브리엘 모리노는 펜을 사용하여 실보다 더 가느다란 라인의 연속으로 그림 속에 실타레가 얽혀 있는 것 같이 그려낸다. 하지만 그림은 전혀 복잡하지 않고 굉장히 세련되었다는 점이 특징이다. 머리카락의 섬세한 표현이나 뒤에 겹쳐지는 사람의 섬세한 표현이 많다. 선으로 딴 곳과 펜으로 그린 곳의 차이가 나서 대비되어서 보이고 색깔을 넣을 때는 컬러와 흑백의 대비로 눈에 더 튄다.

그외 작품은 펜일러스트의 섬세함과 정교함, 수채과 같은 색감을 넣은 것이 특징이라 할 수 있다.

Gabriel moreno 작품

안정민

2) Nuno Dacosta

Nuno Dacosta 작품

런던 출신의 패션과 뷰티 일러스트레이터로 사실적이고 생동감 있는 피부 표현으로 주로 명품브랜드의 일러스트를 담당한다. 그가 작업했던 브랜드는 루이비통, 존 갈리아노, 샤넬, 발망, 디올 등이며 손으로 직접 드로잉한 후 수채화 물감과 그로슈, 포토샵으로 리터치한다. 블랙 앤 화이트를 주조색으로 하여 많은 칼라를 사용하지 않기 때문에 깔끔하고 살아있는 채색의 음영 효과를 줄 수 있다.
누노는 또한 컬렉션을 착용하는 그녀의 첫번째 준비에 디자이너 Melisa Odabash에 단독으로 패션 일러스트레이터로 임명되었다.

경지영

3) Petra Dufkova

페트라는 그래픽 디자인, 페인팅, 패션디자인 교육을 받았으며 패션 일러스트 작품을 많이 작업한다.
잉크와 수채화 재료를 사용하여 그린 일러스트는 수채화와 잉크 특유의 번지기 기법으로 은은하면서도 무드있는 느낌을 물씬 풍긴다. 특히 번지기와 흘러내리는 풍부한 기법의 사용으로 자칫 밋밋할 수 있는 수채화와 잉크의 사용을 꽉찬 느낌으로 전달해준다.
색채를 자제하여 그녀의 기법이 좀 더 섬세하게 전달된다. 작품 속 주인공들의 눈빛이 인상적이고 강렬하다.

Petra Dufkova 작품

손지연

03 수작업과 컴퓨터작업

뷰티 일러스트 작업 방법과 순서

뷰티 일러스트는 트랜드에 따라 다양하게 표현 되어 지며 최근 보여지는 일러스트는 수작업 후 포토샵이나 일러스트 작업 등을 통해 부드럽고 섬세하게 표현되어 진다. 일러스트는 보는 사람으로 하여금 이해하기 쉽고 전달하고자 하는 내용이 객관적으로 설명되어 지는 그림을 말한다. 특히 뷰티 일러스트레이션은 작가의 아이디어와 이미지, 트랜드 등이 묘사되어 지지만, 일러스트에는 일러스트의 독자적인 본질과 수단이 있으며, 3차원적 세계를 2차원적 그림 위에 묘사하는 것을 본질로 해야 한다.

1단계 – 소묘

작품의 이미지와 크기, 컨셉 등이 결정된 상태에서 컨셉에 맞는 모델의 이미지가 결정되어 진다. 모델의 표정과 얼굴의 각도 등을 고려하여 연필과 펜을 사용하여 그려 주며, 다음단계를 고려하여 완성도를 결정한다.

일러스트에 있어서 선(Line)은 형태를 이루는 기본적인 요소이며, 소묘처럼 색과 분리되어 독립된 분야를 가질 수 있다. 선은 형의 윤곽색이 존재할 뿐만 아니라, 면의 성격을 결정하고 방향을 지시하며 때로는 선만으로도 작품을 완성할 수 있으며, 작품 전체 효과를 기대할 수 있다.

형(Form)의 구성요소로는 점 · 선 · 면 · 입체가 있고, 일정한 사물의 형태에 관해서 윤곽(실루엣), 내부형(하나의 형체 내부에서 그 각 부분들 간의 한계), 구조형(형을 구성하는 사물의 물질적인 상태나 구조에 따라 보이는 것)이라는 세 가지 현상형태가 있다. 형을 잡고 명암을 넣어 주면 입체적인 3차원의 효과를 낼 수 있다.

2단계 – 컬러링

일러스트의 근본수단은 색(Colour)에 의존한다. 앞에서 제시한 것 처럼 컬러링의 도구는 한가지가 아닌 여러 가지 재료를 사용하여 복합적으로 사용하면 더욱 효과적인 작업을 기대할 수 있다. 이러한 재료를 통해 원근법과 명암의 음영법을 표현 할 수 있다.
아래에 제시하는 작품은 수채화 물감과 아크릴 물감, 색연필, 펜, 마카 등 다양한 재료를 복합적으로 사용하였다.

여러 가지 색(Colour)은 명도 · 채도 · 색상의 세 측면으로부터 그 특성을 규정할 수 있다. 명도는 색에 있어서 빛의 정도(명암의 정도)이며, 채도는 일정한 색조의 색에 있어 무채색의 함유량에 따라 정해진다. 뷰티 일러스트의 특성상 명확한 색을 제시하는 것이 기본이지만 컨셉과 이미지에 따라 색 보다는 톤의 이미지나 또는 이미지 색상을 사용하여 표현하기도 한다.

색채는 일정한 감정내용과 상응하여 나타나는 데, 예를 들어 파랑계통의 찬색과 빨강계통의 따뜻한 색은 감정효과가 다르기 때문에 작품에서 주는 이미지 또한 다르다. 노랑은 명랑 · 쾌활 · 유연, 파랑은 자극적인 허무 · 평정의 모순, 빨강은 정렬과 위엄 · 사랑 등으로 느껴지므로 이미지에 따라 색을 결정하는 것은 매우 중요하다.

원근법(Perspective)은 3차원적 연장을 갖는 공간을 평면 위에 나타내기 위한 보다 단순한 표현방식으로 뷰티 일러스트레이션에서 원근법을 사용하면 좀 더 사실적인 효과를 준다. 대상은 우리의 눈에서 멀어질수록 작게 보이는데, 이 효과를 공기원근법에 적용하면 대기의 작용으로 대상이 눈과 멀어짐에 따라 따뜻한 색이 푸른색에 가까워지고 윤곽이 불확실하게 되며, 명도가 낮아지는 것을 바탕으로 하여 원근감을 나타낸다.

소묘 작품 위에 컬러링과 원근법에 의한 작업을 하게 되면 일러스트는 충분한 설득력을 갖춘 이미지화가 될 수 있다.

공은정

3단계 – 일러스트와 포토샵 작업

최근 일러스트에 사진처럼 섬세하고 세부적인 디테일을 요구하는 작업엔 수작업 보다는 일러스트와 포토샵 작업을 통해 작업을 한다. 포토샵 작업은 수작업에서 어려운 반복작업이나 명확한 선, 그라데이션 작업 등을 표현하기에 용이하며 수정작업을 빠르게 할 수 있어 최근 일러스트에서 많이 사용된다. 기계적 표현으로 차가운 이미지를 줄 수 있기 때문에 최근에는 수작업과 컴퓨터작업을 적절하게 융합하여 일러스트를 표현한다.

일러스트와 포토샵 작업은 컴퓨터를 통해 빛(Light)의 색을 보는 것으로 물감과는 다른 색을 표현할 수 있다. 우리의 시각체험을 구성하는 세가지 요소, 즉 빛 · 색 · 형은 일러스트의 가장 기본적인 요소이다. 일반적으로 빛은 물리적 성질상 대체로 형이나 색과 결합해서 의식된다. 빛과 형과의 관계는 명암이라는 기법의 원리를 포함하고 있으며, 이것은 사물의 고유색이나 예리한 윤곽선보다도 빛과 그림자, 빛과 어둠이 사물의 형태에 미치는 미묘한 변화에 따라 형체감, 깊이감 들을 나타내는 기법이다. 현재 빛이 소멸되면 화면의 존재 자체도 없어진다는 이론과 색채가 인간에게 미치는 심리학적 실험으로 이어지고 있다.

구성(Construction) · 구도(Composition)는 이미 1단계의 소묘 단계에서 정해지지만 여기에서는 작품의 배경을 위주로 설명하고자 한다. 일러스트는 일정한 범위 안에서 현실의 공간과는 다른 공간을 "구성"해야 하며, 일러스트에 있어서의 화면 구성을 특히 구도라고 한다. 구도란 화면 위의 여러 형상들의 배치, 원근법, 명암, 색감 등을 고려하여 화면에 밀도나 긴장도가 높은 통일성을 부여하는 것으로 배경이 있는 그림을 비교하여 보면 작품의 완성도가 어떻게 달라지는지 직접 느낄 수 있다.

PART

3

일러스트레이션의 다양성

일러스트레이션의 어원은 'to make light' 로 보이지 않는 대상에 빛을 비추어 육안으로는 볼 수 없는 세계 즉, 인간의 감정이나 내면세계의 사상을 시각적으로 보여주는 것이다. 전달하고자하는 상징적인 아이디어를 회화적 조형적 표현을 통해 나타낼 수 있으며 다양한 일러스트레이션을 통해 심미적인 아름다움을 표현하는 방법을 배우고자 한다.

3장에서 보여지는 참고작품은 해외 유명작가의 작품과 다양한 분야에서 활동하는 일러스트 작가의 작품으로 학생작품보다 작품의 구성과 색의 완성도가 높으므로 학생들이 작품을 통해 많은 것을 배울 수 있다.

여러가지 다양한 기법을 배워 위해 가능한 여러 작가의 작품을 제시하였고 소개된 작가의 작품은(www.illustrationweb.com)이나 naver(이미지)에서 찾을 수 있다.

01 일러스트레이션의 종류

1. 뷰티 일러스트레이션

뷰티(beauty) 일러스트레이션은 메이크업(make up), 헤어(hair), 에스테틱(esthetic), 네일아트(nail art) 분야의 뷰티아티스트들이 자신의 아이디어를 스케치하거나 타인에게 이미지를 정확하게 전달하기 위하여 색채와 형태로 시각화한 것을 뷰티 일러스트레이션이라 한다.
사실적으로 표현하던 것이 일반적이었으나, 최근 뷰티일러스트레이션은 이것만으로도 하나의 작품으로 인정받으며 그 표현기법 또한 다양해지고 트랜드와 스타일에 따라 이미지가 과감하게 표현되어진다. 메이크업 아티스트나 헤어 디자이너는 작품을 만들기에 앞서 자신의 영감을 드로잉하여 그 내용을 타인에게 전달하고 전체적인 이미지가 소통될 수 있는 방법으로 일러스트레이션을 선택하기에 드로잉의 방법은 최대한 이미지를 잘 전달할 수 있어야 한다.
바람직한 일러스트레이션은 예술 조형적 가치와 경제성을 겸비해야 하며, 실용적, 심미성, 경제적, 독창성, 질서성, 합리성과 비합리성 등의 조건을 갖추어야 한다.

1) 평면 뷰티 일러스트레이션

- 뷰티 일러스트레이션은 순수회화의 미술양식으로서, 패션 일러스트레이션과 함께 하나의 장르로 자리매김하고 있으며, 뷰티 일러스트레이션은 시각적인 부분과 인체연출의 메시지를 전달하는 만큼 중요한 대중적 예술의 한 부분이다.

- 뷰티 산업에서 아름다움과 개성을 예술적으로 표현하는 뷰티 일러스트레이션은 디자인구상의 중요한 과정이며, 작품의도에 따라서 일러스트 작품 자체로도 독립적인 작품이 될 수 있다. 뷰티 일러스트레이터는 최신 뷰티 트렌드 감각과 창의력, 얼굴 형태와 얼굴의 각 부분, 헤어, 인체 드로잉 및 색채감각, 다양한 표현기법 등의 능력을 갖추어야 하며, 뷰티산업의 발전과 더불어 뷰티 일러스트레이션의 적용범위도 넓어지고, 표현기법과 재료도 다양하게 응용되고 있다.

메이크업을 전달하기 위한 일러스트레이션

김연재

이채현

트랜드와 스타일을 전달하기 위한 뷰티 일러스트레이션

한지수

예술적 조형 가치를 지닌 뷰티 일러스트레이션

차민경

이미지를 전달하기 위한 사실적 표현의 일러스트레이션

객관적인 설명을 이미지로 전달하는 역할

신명선

2) 아트 마스크

- 뷰티 일러스트레이션이 2차원적인 평면 작업이라면 아트 마스크는 좀더 입체적인 3차원 작업이라고 할 수 있다. 컨셉과 디자인의 의도에 따라 다양한 재료를 사용 할 수 있다.
- 이탈리아 베네치아 카니발은 형형색색의 가면과 환상적인 드레스를 입은 사람들로 누구나 가면극 퍼레이드의 화려함에 시선을 멈추게 된다. 카니발 기간 중에는 누구나 가면을 쓰는 기쁨과 변장한 옷을 입는 매력에 자신을 모습을 감추고 새로운 인물이 될 수 있다. 아트마스크는 가면처럼, 얼굴의 모형을 사용하여 좀 더 화려하고 구체적인 표현을 하기 위한 작업으로 뷰티 분야에서는 일러스트와 함께 아트 마스크 공모전이 있다.

이탈리아 베네치아 카니발의 가면

차민경

최유진

김소휘

여은진

2. 패션 일러스트레이션

- 패션(fashion) 일러스트레이션은 패션 디자이너의 개성과 영감을 스케치하는 것으로, 인체스타일, 의상의 문양과 색채, 장신구 등을 그림으로 시각화한다.
- 패션디자인의 디자인 발상을 구체적으로 표현하기 위해, 의상의 문양과 패턴, 색채, 악세사리, 그리고 전체적인 실루엣과 모델의 이미지를 시각화한 것으로 여러가지 표현기법으로 나타난다.
- 의상을 만드는 기능적인 작업지시서인 도식화와는 다른 영역이므로 예술적이고 개성적인 표현으로 독자적인 영역을 확대해 나가며 작품성을 인정 받고 있다.
- 패션 트랜드를 이해 할 수 있는 패션잡지, 마케팅 광고 등에 사용되며, 패션 일러스트레이터는 해부학, 색채감각 등의 능력을 갖추고 최신 유행에 대한 세심한 관찰이 필요하다.
- 패션 디자인의 색채와 질감을 표현하기 위하여 색연필 · 파스텔 · 콜라쥬 · 수채화 등의 다양한 재료와 기법을 자유롭게 사용할 수 있다.

Cedric Rivrian

프랑스의 패션 일러스트레이터이며 묘사를 통해 섬세한 라인과 독특한 디테일을 표현한다. 알렉산더 맥퀸의 드레스를 입은 모델 케이트 모스는 사진처럼 매우 사실적이지만 부분적인 생략을 통해 절제미가 느껴진다. 해부학적인 지식을 통해 인체를 매우 사실적으로 표현한다.

Teri Chung

여백의 미와 포인트 컬러를 적절히 배색하여 사용하며 몽환적이면서 패셔너블한 느낌을 주는 일러스트를 그린다. 한국 출생으로 현재는 미국에서 활동중인 패션일러스트레이터이다.

사라 싱 Sara Singh

"저의 목표는 제가 상상하는 것을 그림으로 표현하는 것입니다"라고 말하는 그녀의 그림은 흐르는 듯한 느낌의 수성물감과 잉크로 표현하는 것을 즐겨한다. 인체를 완벽히 해부학적으로 접근하기 때문에 빠르게 드로잉 하지만 비례감이 뛰어나다.

Miu Miu MILAN 2001 F/W Drawing by Kim Sang

80년대 미국 보그지의 패션 일러스트레이션

Lovisa Brufitt

공은정

3. 다양한 일러스트레이션

1) 책표지 일러스트레이션

- 출판 일러스트는 책의 표지와 본문, 신문과 잡지에 글과 함께 들어간 그림으로 출판 분야에 따라 약간 다르지만 주제와 내용이 잘 전달될 수 있도록 해야하며, 책의 전반적인 내용과 주제와 관련된 모든 그림을 말한다.
- 최근에는 잡지, 수필, 소설, 시집, 일반서적, 동화책 등의 표지를 그림으로 구성하는 책표지 일러스트레이션이 독자적인 영역으로 대두되고 있으며, 표지 그림은 책의 전반적인 분위기를 미리 예고해 주어 독자의 흥미를 유발시키는 기능을 가진다.
- 본문 내용을 표지 그림을 통해 한눈에 파악할 수 있도록 간결하면서도 상징적으로 그려야 하기 때문에 인물의 표현이 주로 과장되어 지지만 대중성과 독창성을 겸비하는 것이 효과적이다.

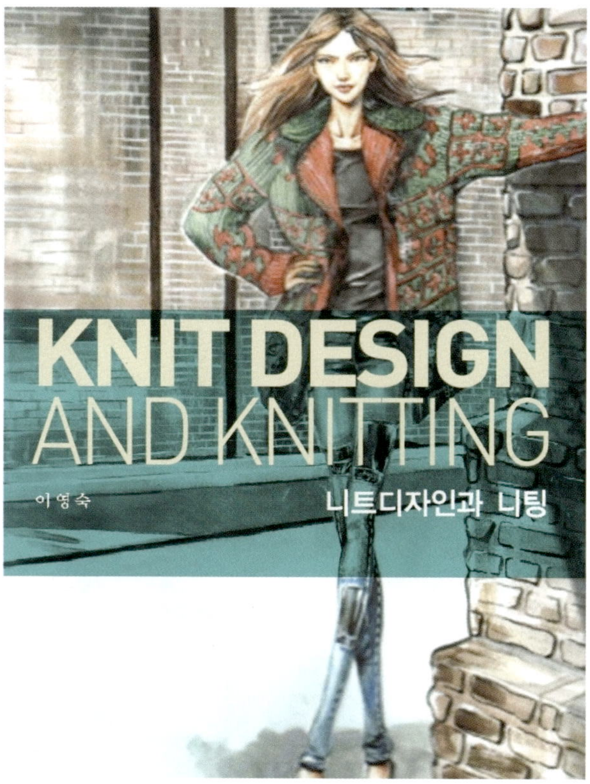

니트디자인과 니팅
이영숙 작

Danny Allison

일러스트레이터 한해숙 작
–종이, 2B, marker pen 사용

2) 애니메이션 일러스트레이션

- 애니메이션(animation)은 '만화영화', '그림영화', '동화'라고 하며, 여러 장의 화면을 연속촬영, 조작하여 움직이도록 보이게 만든 영화의 일종이다. 주인공의 성격과 개성을 잘 표현할 수 있는 스토리의 전개와 인물의 동세 변화를 해부학적 구조에 맞게 그리는 것이 중요하다.
- 3차원 모델링을 통해 컴퓨터 화면상으로 재현된 영상의 경우도 애니메이션에 포함된다.
- 주로 어린이를 위한 그림으로 그림책, 애니메이션, 문구, 포장 등에서 볼 수 있으며 어린이들의 창의력과 상상력에 도움을 줄 수 있어야 한다. 아동들의 상상력과 창의성에 영향을 주기 위해서는 다양한 색채와 기법을 사용하는 것이 효과적이다.
- 글보다 강한 이미지개념을 형성하므로 애니메이션 일러스트레이터는 표현 내용, 객관적 사실 등에 유의하여, 때로는 추상적이며 창의적으로 때로는 사실적이고 구체적인 그림을 그려야 한다.

수잔 미첼 Susan Mitchell

귀엽고 앙증맞은 캐릭터, 난색 계열의 생감을 사용하고 밝고 긍정적인 에너지 – 동화책을 통해 작품을 만날 수 있다.

원피스

쿵푸팬더

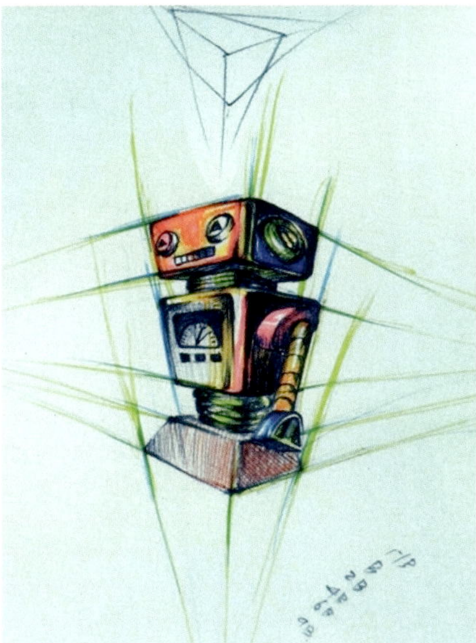

전희진

3) 광고 일러스트레이션

- 광고 일러스트레이션은 대중을 상대로 상품이나 이미지를 알리기 위한 판촉그림, 홍보물, 달력 등 다양한 시각적 광고 그림을 의미한다. 주로 사진으로 표현할 수 없는 부분을 사실적인 묘사나 컴퓨터 프로그램을 사용하여 영상을 만들어내는 렌더링(rendering)을 많이 사용하며, 고객들에게 제품의 이미지 등을 뚜렷하게 인식시키고자 하는 마케팅의 목적을 가진다.
- 그 중 포스터는 전달할 내용을 일정한 지면이나 천 등에 한눈에 알 수 있도록 표현하는 선전이나 광고매체이다.
- 포스터의 초기 목적은 상품을 팔거나 행사를 알리고 아이디어나 서비스를 촉진시키는 것으로 제한적으로 정의되었으나 오늘날의 포스터는 지정된 벽면이나 대중과 접촉이 가능한 일정면적을 갖춘 장소에 게시되어 본래의 기능을 수행함을 물론 거리환경을 미화하는 역할이 점차 중요시 되고 있다. 포스터의 종류로는 계몽 포스터, 문화 포스터, 상업 포스터, 관광 포스터 등이 있다.

게토레이 G시리즈 글로벌 캠페인

김진 디자인
'몽유열정가' 캘리그라피-강정인
일러스트 전한선 작

지면 광고

CF 광고

지면 광고
www.koreabodypainting.com

4) 콜라쥬

- 콜라쥬(collage)는 원래 프랑스어로서 '풀칠하여 작업한다'는 의미를 가지고 있으며, 인쇄물의 그림이나 사진을 잘라 내어 붙이거나 천, 나무 조각, 모래, 나뭇잎, 철사 등 여러 가지를 재료를 붙여서 조화롭게 구성하는 회화 기법으로 이러한 기법에 의해 제작되는 회화를 가리킨다.
- 콜라쥬 (collage)는 본래 상관관계가 없는 별도의 영상을 최초의 목적과는 전혀 다른 방식으로 결합시켜 색다른 미(美)나 유머나 로마네스크의 영역을 회화에 도입했다.
- 이것은 입체파 화가들이 유화작품의 일부분에 신문지, 우표, 벽지, 상표 등의 실물을 붙여 구성하던 '파피에 콜레(papier colle)'라는 기법에서 확대되었으며, 이후 1960년대 '팝 아트(pop art)'를 거쳐 계속 사용되면서 점차 일러스트 기법에도 응용되었다.
- 뷰티 콜라쥬는 부분적으로 원하는 이미지의 형태를 조합하여 시각화하여 사용하기도 하며 또는 풍자나 해학의 시각적 예술로도 사용되어 진다.

'Red & Blue' 2010

5) 스토리보드 일러스트레이션

- 스토리 보드란 만화책처럼 내용과 그림이 함께 하는 것으로 주로 CF제작의 대본이 되는 스토리를 시각물로 형상화시킨 것이다.
- 근래에는 영화의 시나리오도 스토리 보드 일러스트레이션으로 제작한다.

Sophie Griotto
동양화같은 시원한 붓터치

6) 테크니컬 일러스트레이션

- 비행기나 자동차, 모터 사이클 등 기계 내부의 구조 및 성능 또는 인체나 식물의 구조 등을 설명적이고 사실적으로 표현함으로써 보는 사람으로 하여금 일목요연하게 이해시키고자 그린 그림을 말한다. 이 일러스트레이션은 전문적인 지식과 치밀한 표현 기법이 요구되며, 개인의 주관적 표현이나 양식을 반영할 수 없는 특징이 있다. 기계 구조 등의 설명도는 매커니컬 일러스트레이션, 인체구조 등의 설명도는 메디컬 일러스트레이션이라 한다.

Kevin Hursey

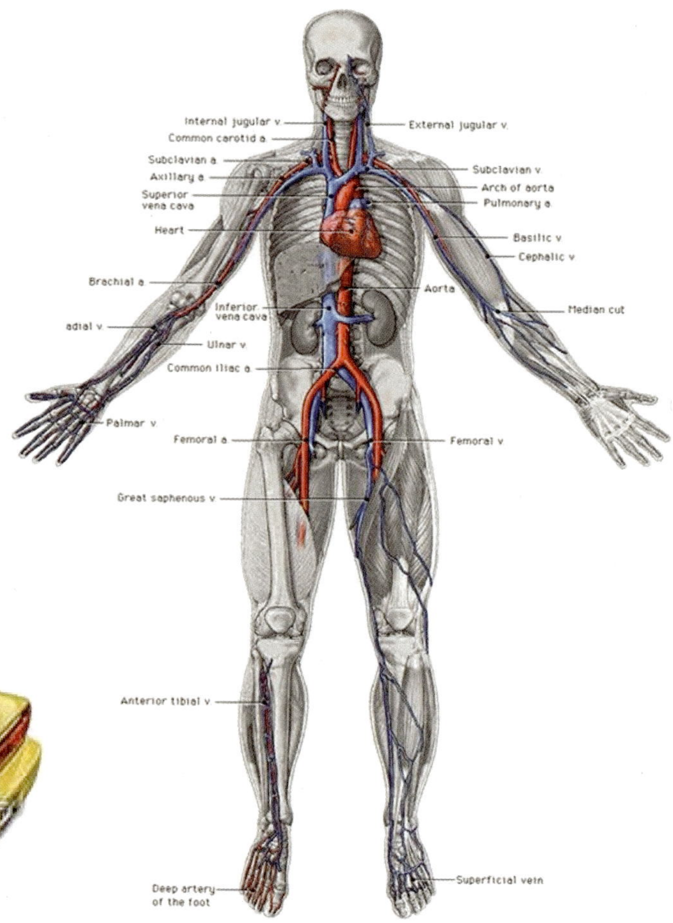

메디컬 일러스트레이션

7) 컴퓨터 일러스트레이션

(1) 포토샵(photoshop), 일러스트

컴퓨터 그래픽과 포토샵(pdf), 일러스트(ai) 프로그램을 사용하여 예술작업을 행하는 것으로 1970년대 이후부터 채색 화면의 수정과 표현이 가능해졌다. 컴퓨터 프로그램의 발전으로 지금은 그래픽 아트의 예술적인 표현이 가능해졌으며 프로그램을 사용할 수 있는 누구나 사용 가능하지만, 색채와 디자인 적용능력은 예술적 감각 수준이 높을수록 좋은 작품을 연출할 수 있다. 현재는 뷰티와 패션 일러스트에서도 많이 사용되며 작가의 개성에 따라 그림의 이미지는 다르게 표현되어진다.

한지수 작

사진 → 포토샵
(일러스트 같은 느낌으로 표현)

Tip 최근 사진을 일러스트 느낌으로 만드는 효과들이 있는데 포토샵 외에도 스마트폰 포토샵 중 PowerCam으로 Tahole 기법을 사용하면 위의 사진처럼 멋진 일러스트 효과를 낼 수 있다.

김소휘

포토샵을 활용한 일러스트

1. 연필로 밑그림을 그리고, 검은색 젤펜으로 연필선을 깔끔하고 정확하게 따라 그린다.
2. 위의 밑그림을 해상도 높게(최소 300dpi이상) 스캔한다.
3. 포토샵에서 스캔한 밑그림을 돋보기툴로 확대한 후, 선을 마술봉툴로 선택하여 페인트통툴로 검게 메운다.
4. 선이 다 메워지고 나면 그 안쪽의 면에 원하는 색을 지정하여 페인트통툴로 색을 채워준다.
5. 색을 다 채우고 난 후, 가우시안 블러를 사용하여 선과 면을 부드럽게 만들어 준다.

Tip 이미지 해상도가 높아야 출력을 할때 깨지는 현상을 막을 수 있으므로 가능하면 높은 해상도로 작업한다.

1. 샤프, 펜을 이용하여 밑그림을 그린다.

2. 스캔 후 선을 섬세하게 그려준다.

3.색을 넣어준다.

4. 마릴린 먼로 타블렛, 포토샵, 샤넬 로고 패턴을 사용하여 재구성

장예수

1. 연필로 밑그림을 그린 후 스캔을 받는다.

2. 섬세하게 라인을 하나하나 일러스트레이션(ai)에서 그려준다.

3. 색을 넣고 그림자를 표현한다.

4. 오드리햅번 타블렛 포토샵 지방시 로고 및 영화 "티파니에서 아침을" 재구성 장예수

(2) 3D 일러스트레이션

3D일러스트레이션은 평면적인 그림과는 달리 입체적인 일러스트레이션을 말하는 것으로 컴퓨터 그래픽 또는 TV어린이 방송의 특수효과를 위해 쓰인다. 그밖에 디스플레이, 무대 장치 등 대형 일러스트레이션의 공간 연출 형태도 있다.

릴리프 일러스트레이션은 종이, 플라스틱, 철판 등을 사용하여 화면에 요철 효과를 표현하는 일러스트레이션이다.

3-D(3 dimention) 일러스트레이션은 입체 효과를 가진 일러스트레이션을 말하는 것으로, 진흙, 종이, 지점토 등으로 공작이나 조소 기법으로 어린이를 위한 교재 또는 TV의 특수효과를 위한 연출용으로 3차원의 생동감을 전달할 수 있는 장점이 있다. 또한 평면작업으로도 명암과 색채조절로 공간성을 확보하며, 입체적 느낌의 일러스트를 표현할 수도 있다.

Jorge Montero Bruna, Cokecoco

- 작가의 풍부한 상상력과 표현력이 돋보이는 작품들
- 현실적인 공간감 · 다양한 재질의 표현
- 현실과 흡사한 광선처리

Chris Labrooy
2011 런던 Taste Festival의 작품

Jorge Montero Bruna, Cokecoco

02 일러스트 작가 작품

- 작가마다 모두 특색이 있으며 색감도 독특하다. 그림으로 뿐 아니라 사진을 이용하여 좀 더 사실적으로 표현하기도 하며 기법 또한 다양하다. 뷰티 일러스트 작가의 분야 보다는 좀 더 폭 넓은 일러스트 작가 작품을 선택 하였고 그 중 얼굴 위주의 작품을 찾아 기법과 색감 등을 분석해 보았다.

- 뷰티 일러스트레이션을 표현하기 위해선 기초 소묘와 정확한 인체의 골격과 근육, 색상 이미지의 이해와 응용력, 재료의 선택, 용구의 선택법, 표현재료에 대한 이해력이 필요하며, 디자인 감각과 유행에 대한 지식이 필요하다. 이번 파트에선 작가들의 작품을 통해 작품의 이미지와 기법 등을 배워 작품에 응용할 수 있도록 하였다. 이 외에도 많은 일러스트 작가들이 있으므로 여러가지 자료를 통해 작가를 연구하여 작품의 방법을 이해하는 것이 필요하다.

- 그림의 표현력을 가장 좋게하는 방법은 자신이 그리고자 하는 작품의 이미지를 찾아 그 그림을 그릴 수 있도록 연습하는 것이다. 이러한 과정을 통해 표현기법과 재료사용법 등을 익힐 수 있으며 작품의 응용력을 살려 창의적인 작품을 구상하도록 한다.

※ 작가의 고난도의 작품을 많이 보는 것이 가장 좋은 학습이기에 작가의 작품을 실을 수 있도록 허락해 주신 작가들에게 깊이 감사드립니다.

1. Katharine Asher

캐서린 아셀은 Harrow 대학에서 일찍이 해부학과 움직임등의 공부를 통해 인체를 좀 더 잘 표현할 수 있는 이해력을 배웠다. 또한 전통적인 드로잉 기술과 3차원을 생각하며 그리는 연습을 했다. 보통의 일러스트레이터들이 정지된 장면을 약간의 움직임을 통해 이미지화하는 반면에 캐서린 아셀은 움직임과 동선등을 염두해두고 작업하는 스토리 보드 작가로도 활동 중이다.

2. Max Gregor

막스는 원래 벽화그림(그래피티)를 하면서 그림을 시작하였다. 때문에 그의 작품은 생동감 넘치고 자유로운 느낌이 많다. 딱딱한 직선보다 자유로운 곡선을 사용하여 부드럽고 생기 있어 보이며 전체적으로 포토샵으로 제작하고 수채화와 연필 드로잉으로 일러스트를 그린다. 차가운 색을 세련되게 사용하며 섬세함과 과감한 색의 이질적인 이미지가 조화롭다.

3. Paul Holland

- 현실적 묘사가 뛰어난 프랑스출신의 일러스트레이터
- 유명인사나 그림을 패러디 하는 기발함을 가짐
- 인물의 소묘에 포토샵으로 색상을 덧입혀 이미지를 좀더 돋보이게 하는 스타일
- 굳이 손 그림이 많이 들어가지 않아도 콜라주작업과 고채도의 색상을 사용한 포토샵 작업으로 눈에 띄는 기법을 사용
- 스타일리쉬한 느낌의 일러스트이며 여러 가지 요소들을 툭툭 배치한 듯 싶지만 팝 아트적인 소품 콜라주와 섬세한 인물묘사가 작품의 디테일을 높이고 높은 채도의 색상을 포인트로 사용.
- 고채도의 색상과 검은 면적의 적절한 조합과 대비로 절제와 화려함을 효과적으로 나타내므로 PUNK 메이크업을 나타낼 수 있는 일러스트에 적절한 기법이다.

4. Gustabo

패션 일러스트레이터인 Antonio Lopez를 따르는 Cuban-American인의 작가로 뉴욕을 베이스로 하여 활동한다. 내면의 센서티브한 감성을 가지고 있으며 이러한 감성으로 탄생한 독특한 스타일이 그의 명성을 유지하는 비결이다. 그의 작품에는 남자와 여자가 있고 때로는 맹렬하게 때로는 아름답고 이국적으로 사물을 표현해 낸다. 또한 원색적인 색채 감각은 화려하면서도 강렬한 이미지를 표현한다.

5. Bec Winnel

호주 멜버른에서 일러스트레이터와 그래픽 디자이너로 활동 중이다. 그녀는 색연필과 흑연을 이용하여 섬세하고 부드러우면서도 관능미가 느껴지는 인물들을 주로 그리며 마치 사진을 보는 것처럼 사실적이다. 또한 작품을 통해 고전적인 아름다움, 자연에 대한 향수를 보여주고자 한다고 말한다. 파스텔 특유의 부드럽고 분위기 있는 그 느낌이 그리움과 따뜻함을 느끼게 한다.

6. Miss Led

이스트 런던에서 활동중인 작가로 우리나라의 디젤광고와 스와치 GQ에서도 그녀의 작품을 볼 수 있다. 그녀의 작품은 주로 인물위주의 형태를 보여주는데 풍부한 표정과 과장된 표현으로 유명하다. 그녀는 벽화나 지면의 일러스트와는 또 다르게 공간에 일러스트를 활용하는 재주를 가지고 있으며 유니버설 픽쳐스, 리복, 레드불 등이 그녀의 클라이언트이다.

7. Lee Montgomery

그래픽 아티스트로 활동 중이며 정밀하고 사실적인 묘사로 동적인 움직임을 표현하는데에 능하다.
계속해서 새로운 기술을 작품에 대입한다.

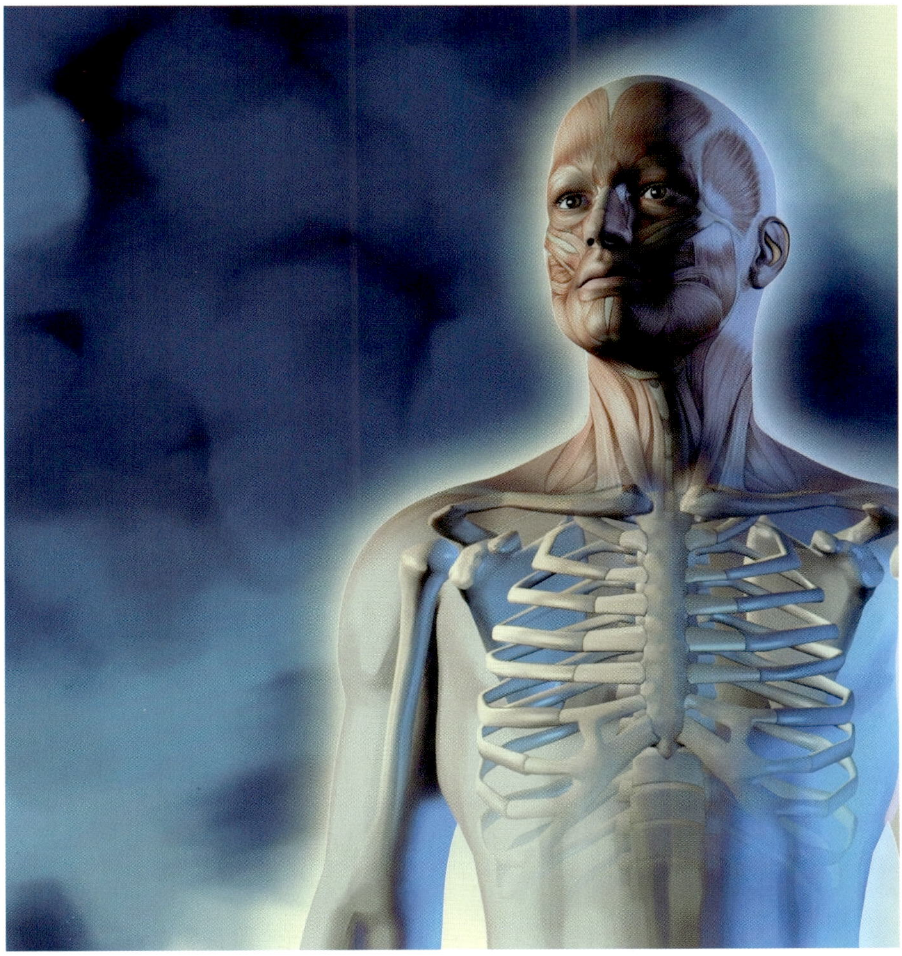

8. Danny Allison

Danny Allison은 1979년도 영국의 한 작은 시골마을에서 태어나 자랐고 프로패셔널 스케이드보드 선수로 활동한 독특한 경력도 가지고 있다. 그의 작품은 여러 사진이 합쳐진 듯 하지만 전체적으로는 하나의 작품으로 손색 없는, 스크래치들이 모여 하나의 작품을 이루고 있는 느낌이며 자신의 웹싸이트를 포토폴리오로 만들어 화제가 되기도 했다. www.dannyallison.co.uk

9. Yaeko Abe

뉴욕에서 태어났고 패션일러스트레이션 및 장난감 디자인 학사 학위를 뉴욕에 위치한 기술 패션 연구소를 졸업하였다. 바비인형, 니켈로 데온, 디즈니 같은 유명한 회사와 협력하며 장난감 디자이너로 일하였고 주로 손으로 그린 그림을 가지고 간결한 선과 하나의 색으로 포인트를 준다. 전체적으로 부드러운 느낌이 강하지만 여백의 미를 살려서 강렬함을 더하기도 한다.

PART 4
일러스트레이션의 응용

메이크업은 이론으로 표현되는 것이 아니다. 손 작업과정을 통하여 표현되고 연출되는 것이다. 따라서 메이크업 디자인을 연출하기 위해서는 기초지식의 일상적인 훈련과 반복된 실기 연습을 통하여 숙달되어야 전문성과 기능성을 갖출 수 있다. 여기에 영감이 가해지고 목적하는 메이크업 디자인의 아이디어가 탄생하는 것이다. 메이크업 일러스트 또한 훌륭한 메이크업 아티스트로 성장하기 위해서는 첫째, 기초지식을 넓히고 이를 바탕으로 보는 시각을 폭넓게 하고 색과 형, 이미지를 연구하여야 한다.

컨셉에 따른 얼굴 형태, 이미지, 메이크업 테마에 따라 다양한 일러스트를 연출하고 FACE CHART와 MAKEUP WORKSHEET를 이용하여 모델의 얼굴에 메이크업을 하기 전 충분한 패턴연습과 아이디어 스케치를 통해 성공적인 메이크업을 실현할 수 있도록 제시하였다.

01 컨셉에 따른 뷰티 일러스트레이션

1. 뷰티 메이크업 일러스트레이션

■ 뷰티 일러스트레이션은 컨셉에 부합되는 이미지에 맞게 모델의 얼굴을 선택하여 그리고 메이크업은 모델 얼굴 이미지를 고려하여 전체적인 조화를 이루어야 한다. 전체적인 이미지를 극대화하기 위해선 모델의 얼굴형과 이목구비 뿐 아니라 모델의 표정과 얼굴의 각도, 헤어스타일 등을 고려하여 선, 색, 질감 등을 고려하여 일러스트를 완성하여야 한다.

■ 뷰티 메이크업은 트랜드를 잘 이해하고 기본적인 베이스를 잘 맞추고 거기에 디자인적인 요소를 가미하여야 한다. 전체적으로 뷰티 메이크업일러스트레이션은 컨셉에 맞추어 모델의 이미지를 새롭게 구성해 보았으며 이미지와 컨셉을 잡는데 도움이 될 수 있도록 가장 대표되는 색상과 톤을 제시하였다.

■ 메이크업에서 아이섀도우와 립 메이크업 색의 컬러 배색은 가장 중요한 포인트로 이 두가지 색의 밸런스와 전체적인 조화와 하모니가 메이크업 배색의 가장 기본이라고 할 수 있다. 전체적인 배색은 피부색과 머리카락의 색 그리고 의상과 액세사리에 의해서 점차적으로 색상이 미묘하게 변화되어 가지만 가장 중심은 아이, 립 메이크업에 따른 컬러의 변화가 가장 크게 이미지를 좌우한다는 것이다.

■ **색상이 주는 이미지**

색채 이미지 영역에서 모든 색은 따뜻한 색과, 차가운 색, 부드러운 색과 딱딱한 색으로 이미지가 나뉘어지며, 흰색에서 회색 그리고 검정에 이르는 무채색 이미지 스케일은 부드러움에서 딱딱함의 이미지를 가지고 있다.

의미 분별법에 사용된 항목 중 컬러가 주는 느낌의 상호 관계 어휘에서 가장 요약된 요소가 Cool, Soft, Hard, Warm이며, 컬러 이미지 스케일은 4가지 요소로 색채가 주는 느낌을 입력하여 분석한 것으로 언어와 색채의 정보교환이 가능하며 동질성을 갖는다.

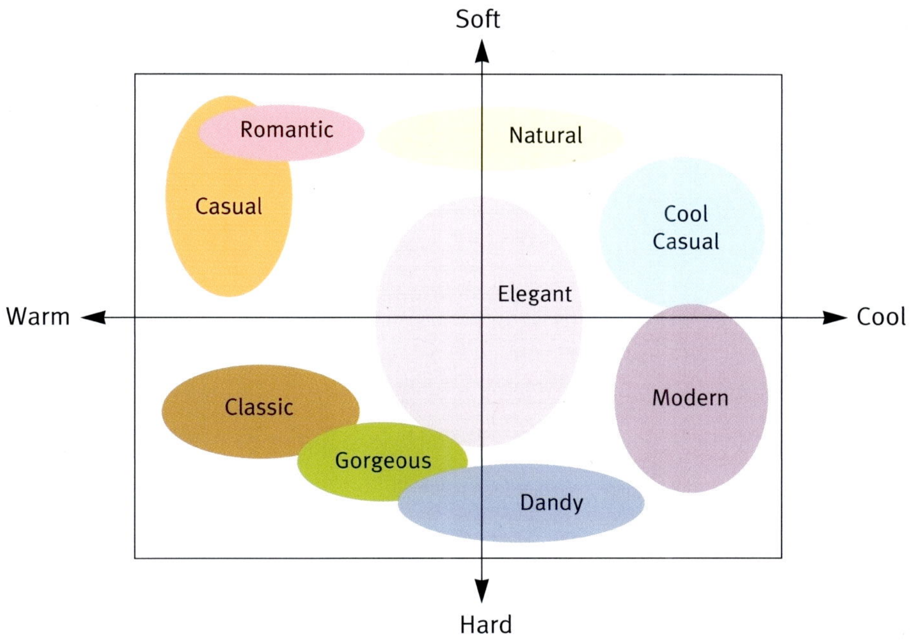

	컬러 이미지
Warm Soft	프리티 – 귀여운, 달콤한 로맨틱 – 귀여운, 감미로운, 낭만적 캐주얼 – 빛나는, 눈부신, 신선한, 쾌적한
Warm Hard	고저스 – 성숙한, 여성스러운, 차분한, 풍부한 클래식 – 고전적인, 전통적인, 깊은 맛이 있는 에스닉 – 와일드한, 야성적인, 민속적인 내추럴 – 자연스러운, 서정적, 편안한
Cool Soft	로맨틱 – 부드러운, 달콤한, 환상적인 클리어 – 순수한, 신선한, 심플한 엘리강스 – 깨끗한, 부드러운, 여성스러운 쿨캐주얼 – 젊음, 스마트한, 스피디한
Cool Hard	모던 – 이지적인, 고상한, 진보적인, 도회적인, 냉정한, 합리적인 시크 – 깊이 있는, 고품격, 동양적인 포멀 – 격조 높은, 장엄한 덴디 – 실용적인, 건강한, 안정된, 원만한

2. 아이 & 립 메이크업

메이크업을 하면서 가장 색이 잘 표현되는 아이 메이크업과 립 메이크업을 어떻게 연출하느냐에 따라 전체적인 분위기와 이미지가 달라진다. 색의 조화를 이룰 수 있도록 일러스트를 통해 아이&립 메이크업의 컬러에 따른 이미지 변화를 직접 체험해 보고자 한다.

연한 브라운 아이메이크업은 가장 기본적인 색으로 거의 모든 립과 어울릴 수 있다. 와인과 퍼플색 외에는 조화로운 메이크업을 연출할 수 있다.

오렌지 계열의 아이 메이크업은 좀 더 젊고 생동감 있는 스타일을 연출 할 수 있다. 오렌지 색상의 아이가 강조 되었다면 립은 산호색이나 페일 톤의 색상으로 연하게 하여 밸런스를 맞추도록 한다.

이처럼 가장 기본적인 것이지만 가장 중요한 부분으로 실제 메이크업 도구를 사용하여 색을 사용하고 베이스 색에 따라 같은 색이 어떻게 변화하는지 종이의 색상을 달리하여 실험한다면 많은 경험을 할 수 있을 것이다.

1) 핑크 아이 메이크업

핑크 컬러를 사용할때엔 피부색에 따라 warm/cool 컬러를 조화롭게 사용하는 것이 중요하다.
또한 포인트가 하나가 아닌 두 가지인 경우에는 강한 이미지를 주어 아름다워 보이지 않는다.

진한 핑크 아이 / 누디립

눈에 포인트를 줄 때에는 입술색은 자연스럽게 연출한다.

흐린 핑크 아이 / 핫핑크 립

입술색을 강조한 원 포인트 메이크업

핑크 아이 / 브라운 립
핑크 아이에 브라운 립을 사용할 때엔 레드가 가미된 브라운 립 컬러를 선택한다.

핑크 아이 / 모브 립
편안하며 부드러운 느낌으로 여성스런 이미지를 연출한다.

2) 연한 퍼플 아이 메이크업

연한 퍼플 컬러의 아이에는 핑크 계열의 립 메이크업이 잘 어울리며 그 외에도 브라운 계열이나 레드 계열 등 다양하게 연출할 수 있다.

연한 퍼플 아이 + 핑크 립
우아하고 여성스러운 느낌을 준다.

연한 퍼플 아이 + 모브 립
꿈꾸는 듯한 신비한 느낌의 여성스러움이 강조 된다.

연한 퍼플 + 브라운 립
세련되고, 노블한 느낌의 여성스러움이 연출된다.

3) 다양한 메이크업 색상

브라운 아이 / 핑크립

색감이 거의 없는 무난한 색상의 배합으로 모든 여성에게 그리고 어떠한 계절에 관계없이 사용 할 수 있으며 편안한 이미지를 연출 할 수 있다.

브라운 아이 / 레드립

색감을 살려 좀더 그윽한 이미지를 준다. 모든 여성에게 사용 할 수 있으며 우아하고 생기 있게 연출 할 수 있다.

오렌지 아이 / 다홍색립

사랑스럽고 귀여운 이미지를 주지만 색이 강하면 자칫 부담스럽다. 색을 조절하여 과하게 표현하지 않는다. 오렌지색 아이 메이크업은 산호 컬러의 립 메이크업이 잘 어울리며 밝고 산뜻하여 봄을 연상시킨다.

레드 핑크아이 / 핑크 립

사랑스럽고 로맨틱한 대표적인 색감으로 색 톤을 조절하여 연출한다. 핑크아이 메이크업은 하나 이상의 포인트가 생기지 않도록 주의한다. 색이 과하면 세련미가 줄어든다.
아이 메이크업의 색이 강조될 때엔 입술의 색을 부드럽게 연출한다.

그린아이 / 피치핑크 립

그린아이는 피치핑크와 산호 계열의 립이 가장 잘 어울리며 같은 난색계열의오렌지 색의 립을 선택하면 봄의 이미지를 표현하는 계절 메이크업이 된다. 색의 채도가 높으면 캐주얼하고 생동감이 있으며 색의 톤의 낮으면 세련되고 지적인 이미지를 연출 할 수 있다.

진한 퍼플아이 메이크업

진한 퍼플 아이 메이크업은 드라마틱하고 시크한 이미지를 준다. 신비롭고 매혹적인 보라색의 아이메이크업은 가능하면 립의 색상의 힘을 빼주어야 하며 페일 계열의 컬러가 전반적으로 조화롭다.

4) 아트 메이크업 색상

백스테이지 메이크업이나 아트메이크업에 사용되는 색의 조합은 컨셉과 이미지에 따라 강도를 조절하여야 한다. 차가운 이미지의 모노톤 메이크업은 도회적이고 시크한 이미지를 주지만 립의 컬러에 따라 강열하고 육감적인 이미지를 표현 할 수 도 있다. 아이와 립은 메이크업에서 가장 강한 시각적 인상을 남기기 때문에 조화롭게 배색되어 전체적인 이미지가 과해 지지 않도록 표현하는 연습을 해야 한다.
아이 메이크업이 강조될 때에는 립은 부드럽게 표현해야 한다. 예를 들어 블루아이 메이크업에 진한 레드립은 천박한 이미지를 줄 수 있으므로, 색을 사용할 때는 주조색, 보조색, 강조색을 사용하여 적절한 면적대비를 이루어야 한다.

3. 컨셉에 따른 모델 이미지

1) 프리티 & 로맨틱 (Pretty & Romantic)

여성들에게 가장 기본적인 메이크업으로 부드러운, 여성스러운, 화려한, 장식적인, 서정적인, 섬세한, 사랑스러운 이미지를 가진다.

로맨틱이란 비현실적인 공상적인 의미를 가지며 환상적인 분위기와 소녀적인 취향, 귀엽고 사랑스러운 여성의 이미지로 장식적인 요소와 부드러운 질감이 주류를 이룬다. 부드러운 파스텔 톤과 라이트 톤이 주류를 이루고 주요 색상이 달콤한 색인 핑크, 피치, 노랑, 보라 계열을 주로 하여 감미로우며 귀엽고 어린 여성스러움을 최대한 살리는 트랜드이다. 색의 이미지가 좀 더 빠지게 되면 클리어(Clear)한 이미지로 변화 할 수 있다. 피부톤은 조금 밝고 화사하게 표현해야 한다.

아이섀도는 핑크, 보라 등이 좋고 아이브로우와 아이라인은 너무 진하지 않게 하며 펄 파우더로 눈썹산 아래에 하이라이트를 주어 귀엽고 여성스럽게 표현한다. 입술은 핑크 계열을 사용하고, 입술 중앙에 립그로스로 글로시한 느낌을 주며 화사함을 돋보기에 하며 피치빛 핑크 계열이나 오렌지 계열로 볼에 포인트를 주어 귀여운 이미지를 연출한다. 긴 머리형태가 잘 어울리며, 덩굴같은 컬의 머리카락이 얼굴에 닿을 듯 말 듯한 부드러운 물결 모양이 잘 어울린다.

Image map

Color tone

Shadow Color

Lip Color

Pretty & Romantic

Color Chip

eyebrow

eye shadow

cheek

lip

skin(Base)

작품 설명 파스텔 톤의 색상으로 부드러운 이미지를 연출하였고 귀여운 눈을 표현하기 위해 크고 약간은 아래로 처진 눈의 이미지로 모델을 그려주었다. 도톰하고 작은 입술, 발그레한 치크로 로맨틱하면서도 귀여운 이미지를 표현하였다.

2) 엘레강스 (Elegance)

사람의 기품을 표현하는 의미로 우아하고 고상하며 세련된 이미지로 흐트러짐 없이 깔끔하게 표현되어야 한다. 고상한, 우아한, 여성스러운, 성숙한, 정숙한, 온화한, 품위 있는 이미지로 클래식(Classic)과도 연계된다. 신 고전주의 양식의 질서미를 추구하며 간결하고 온화한 느낌을 준다. 채도가 낮은 부드러운 색조에 약간의 어두운 톤의 보조색으로 섬세함을 표현한다. 색상은 인디고 핑크, 퍼플, 부드러운 라이트 그레이시가 적합하며 원숙한 감각의 색, 절제된 느낌의 색으로 차분한 기품을 돋보이게 한다. 배색은 콘트라스트를 약하게 함으로서 온화하고 은은한 느낌이 든다.

메이크업 만으로도 여성을 우아하게 하며 4계절어떤 시즌에도 잘 어울린다. 색의 좀 더 강해지면 고져스(Gorgeous)의 이미지로 차분해 지면 클래식한 이미지로 변할 수 있는 폭넓은 테마라고 할 수 있다. 좀 더 나아가 중후하고 보수적인 이미지에서의 전통적인(traditional & Classic) 이미지를 표현 할 수 있다.

고전적이며 클래식한 이미지는 좀 더 지적이며 귀족적인 분위기를 연출하도록 곡선과 부드러운 브라운 계열을 사용하여 연출한다.

눈썹은 아치형으로 길고 부드럽게 그려 여성스러운 느낌을 강조하며, 아이섀도는 부드러운 색조를 사용하고, 포인트 컬러는 자주, 브라운, 보라 등으로 너무 진하지 않게 표현한다. 입술은 입술 선을 그대로 살려 산호색, 인디언 핑크, 와인 등으로 우아한 느낌을 표현한다.

우아한 여성미를 강조한 헤어스타일로, 스트레이트보다는 굵은 웨이브가 약간 있는 풍성한 헤어스타일과 올림머리도 어울린다. 염색을 할 경우에는 브라운이 어울리며 부분 염색에서의 배색은 색의 대비감이 약한 컬러와 은은한 그라데이션 기법을 사용하는 것이 좋다.

Image map

Color tone

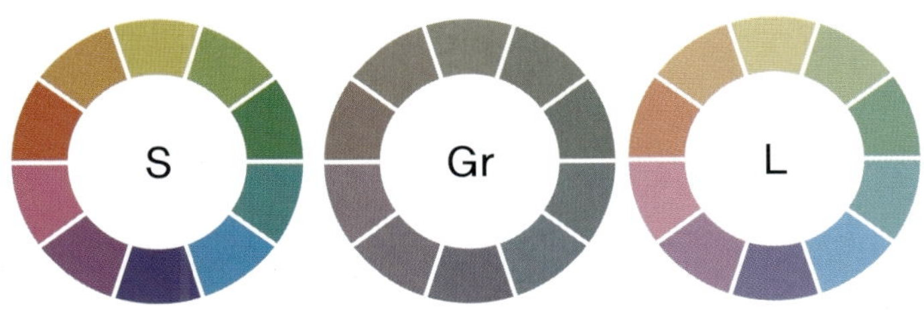

Shadow Color

Lip Color

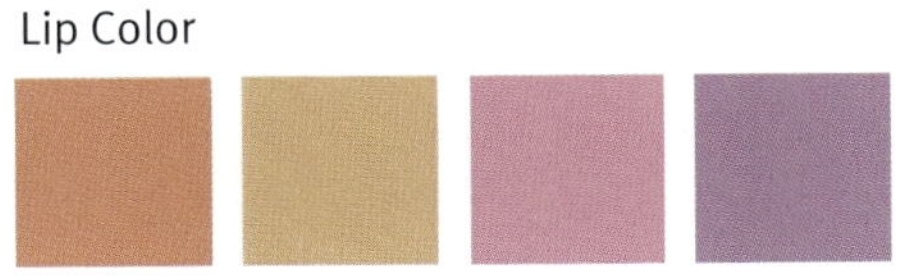

Elegance

Color Chip

eyebrow

eye shadow

cheek

lip

skin(Base)

작품 설명 전체적으로 채도가 낮은 퍼플, 그레이 색상을 사용하고, 우아하고 세련된 이미지를 주기 위해 웨이브와 곡선미를 강조한 메이크업을 하였다. 모델에게 풍기는 이미지 또한 차분한 눈매와 성숙한 이미지를 주기 위해 얼굴의 기울기를 조금 내려 그윽한 표정을 연출하였다.

Charlize Theron

Chanel 2011

3) 고저스(Gorgeous)

사치스럽고 호화로우며 찬란한 이미지이다. 상류층의 고급스러우면서도 눈에 띄는 화려한 분위기를 연출한다. 화려한 색감과 장식적인 느낌을 주는 고채도의 따뜻한 계열의 색상은 골드, 베이지, 카멜, 레드, 딥퍼플, 오렌지 옐로우 등으로 톤은 스트롱, 덜, 딥이 주류를 이룬다. 배색은 선명하고 깊이 있는 톤을 사용하거나 짙은 톤의 어두운 색조로 조화시켜 원숙미와 안정감을 느끼게 한다.
피부표현은 너무 얇게 하기보다는 적당량의 두께감으로 피부색조를 나타내는 것이 효과적이다. 메이크업 디자인에서 색채는 단계적으로 그라데이션하여 그윽하고 분위기 있는 패턴으로 표현하고 라이트 톤은 피하는 것이 좋다. 적절한 강약을 주어 깊이감 있게 표현한다.
헤어디자인은 화려하면서도 고급스러움을 강조한 것으로 보석류의 헤어핀을 사용하기도 한다. 풍성한 헤어스타일로 컬을 많게 하여 장식적인 느낌을 부각시킨다. 업스타일은 백콤을 넣어 볼륨감을 살려준다. 염색은 골드나 와인색이 좋으며, 액센트 컬러는 색의 대비를 강하게 한다.

Image map

Color tone

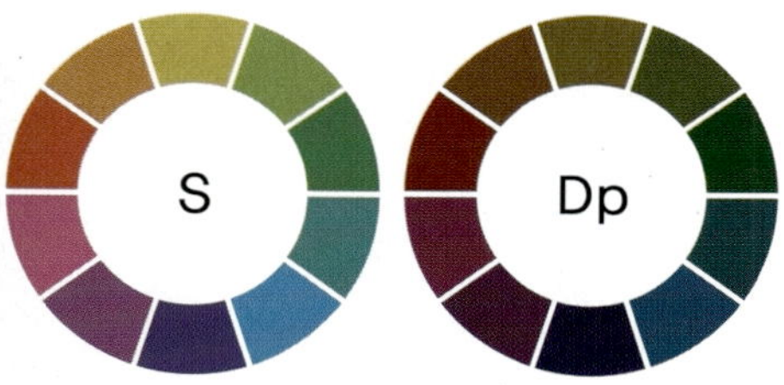

Shadow Color

Lip Color

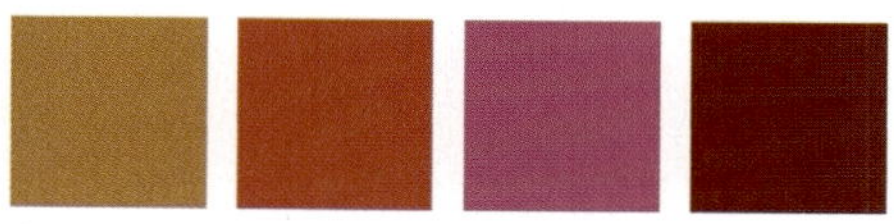

김연재

작품 설명 화려하고 선명한 컬러를 사용하여 고급스러우면서 화려하고 눈에 띄는 이미지를 연출하고자 하였다. 특히, 아이섀도의 컬러를 다양하게 섞어 분위기 있는 눈매를 만들어내고자 하였다. 하이라이트에 펄을 사용하여 화려한 이미지를 더 해 주었다.

4) 모던 & 댄디 (Modern & Dandy)

샤프한, 합리적인, 기계적인, 세련된, 현대적, 근대적인 이미지로 댄디(dandy)한 남성적인 이미지를 내포하며 기하학적이고 심플하면서도 과감한 선을 선호한다.
현대적인 감각의 패션으로 미래지향적이며 도회적인 차가운 이미지와 지적인 여성의 이미지를 지니고 있다. 장식적이기 보다는 심플하며 단색을 중심으로한 남성적이며 미니멀리즘적인 감각을 지닌 고급스런 트랜드로 절제 색상은 딥톤과 다크톤으로 최소한의 배색으로 콘트라스트를 강하게 배색한다. 매혹적이며 관능적인 스모키와 아이라인만을 강조한 아이메이크업으로 나눌 수 있다. 색보다는 무채색이 중심을 이루며 강한 명도대비로 세련된 이미지를 줄 수 있으므로 소피스트케이트(Sophistcate)한 이미지도 가지고 있다.
명확함과 도시적인 감각을 살린다. 절제된 미학을 가지고 있지만 파격적이고 실험적인 이미지를 나타낼 땐 전위적인 스타일로 보여진다.
메이크업은 세련되며 심플하고 강한 스타일이며 유행을 앞선 독창적인 느낌을 표현한다. 원 포인트 패턴이나 강한 색상으로 뚜렷한 이미지를 연출하고 기존의 "아름답다"라는 개념보다 개인의 개성을 중요시한다. 눈썹은 다소 강조한 표준형이 좋고, 아이섀도는 은색이나 청색, 회색 계열로 차가운 느낌을 주도록 한다. 입술은 와인, 자주 색상 등의 다크 계열을 선택하여 이지적인 분위기를 돋보이게 한다.
헤어스타일은 기하학적인 형태를 잘 조화시켜 건축적인 디자인을 하거나 두상에 달라붙는 매끄러운 머리형을 만들어 두상을 강조하기도 하고, 짧은 단발머리나 머리형을 만들어 두상을 강조하기도 하고, 짧은 단발머리나 짧은 커트, 일정하지 않게 커팅한 헤어스타일, 뱅스타일, 직선의 롱 헤어디자인을 연출하여 도시적인 감각을 표현한다.

Image map

Color tone

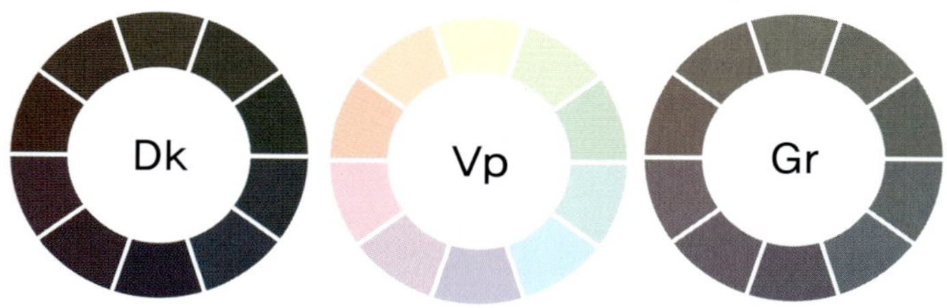

Shadow Color

Lip Color

Modern & Dandy

Color Chip

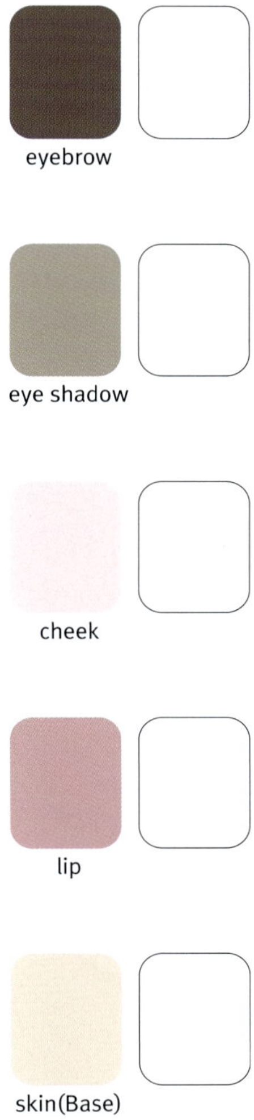

작품 설명 차가우면서도 세련되고 현대적인 여성상을 표현하기 위하여, 블루, 블랙의 컬러를 믹스하여 강렬한 아이메이크업과 와인계열의 립 컬러로 도시적인 이미지를 나타내고자 하였다. 모델의 얼굴 표정과 기울기 또한 도도함을 나타내기 위해 올려다보는 표정으로 눈매를 스모키로 강조하였다.

5) 내추럴 & 베이직 (Natural & Basic)

자연 그리고 천연의 의미로 천연소재의 자연미와 편안한 실루엣을 통해 자연스러움을 표현하는 스타일이다. 내추럴 색상은 소프트한 색이 주류를 이루며 베이지 계열이나 뉴트럴 컬러, 스킨컬러가 기본색이며 중채도의 라이트 그레이쉬 톤과 덜톤의 색이 주류를 이룬다. 20세기 들어 더욱 부각되는 내추럴 트랜드는 친환경주의에 입각하여 자연을 소재로 한 염료나 색상이 부각되어 전체적인 색상이미지는 중간채도의 부드러운 톤이 주류를 이룬다.

차분하면서 자연스럽게 하며, 테크닉을 절제하여 인위적인 느낌이 없도록 한다. 피부표현은 베이지 컬러나 옅은 브라운 컬러를 이용해 본래의 피부색과 같게 하고 두껍지 않게 바른다. 아이섀도는 베이지나 브라운 계열의 색으로 그라데이션을 중요시하며 자연스럽게 은은하게 한다. 입술은 아이섀도와 같은 계열의 색을 주로 하며 오렌지나 피치 계열을 가미하여 건강한 미를 나타내기도 한다. 볼은 아이섀도와 입술을 연결할 수 있는 색을 사용하고, 아이섀도와 립스틱, 볼터치 등의 색상은 톤을 맞추는 것이 효과적이다.

헤어스타일은 가볍고 부드러운 질감과 약간 헝클어진 듯한 자연스러운 머리 형태가 잘 어울린다. 인공적인 스타일이 아닌 자연스런 스트레이트가 잘 어울린다.

Image map

Color tone

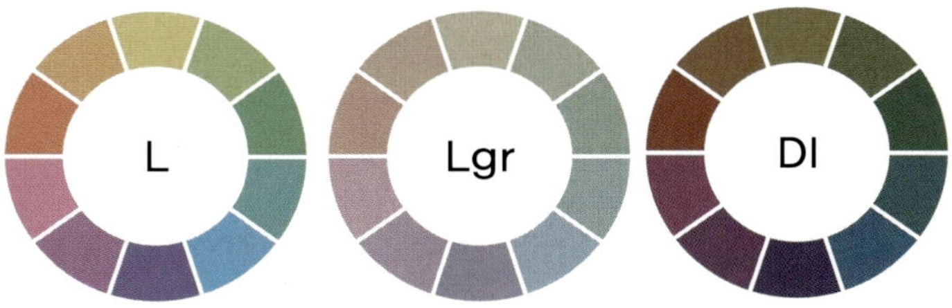

Shadow Color

Lip Color

Natural & Basic

Color Chip

경지영

eyebrow

eye shadow

cheek

lip

skin(Base)

작품 설명 브라운이나 베이지 등의 컬러를 사용하여, 차분하면서도 자연스러운 느낌을 강조하였으며, 헤어도 네추럴한 웨이브를 통해 부드럽고 따뜻한 느낌을 강조하였다. 모델의 이미지 또한 정적인 정면의 형태에 가장 기본적인 형태로 연출하였고 모델의 눈매를 살짝 올려 네츄럴 베이직에 섹시미를 더 해 주었다.

6) 팝아트 (Pop-Art)

1950년대 영국에서 시작되었고 미국 뉴욕에서 대중예술 운동으로 자리 잡은 예술사조로 매스미디어와 광고의 대중적 이미지를 화려한 색으로 표현한 광고 디자인의 한 형태이다. 코카콜라와 마린몬로의 이미지가 대표적으로 메이크업에서는 원포인트메이크업으로 표현 할 수 있으며 밝고 선명한 컬러를 이용하여 다이나믹하고 튀는 느낌으로 여름에 시원한 청량감을 줄 수 있다.

동적인 에너지를 내는 활동적인 다이나믹(Dynamic)과 캐주얼 이미지에 적합하다.

메이크업은 경쾌하고 즐거우며 생기있게 연출하는 것이 포인트이다. 피부표현은 밝은 느낌을 주도록 가볍게 하거나 피부색과 비슷한 색의 파운데이션을 사용한다. 아이섀도는 오렌지, 핑크, 그린, 블루 등 선명한 색상으로, 입술은 고채도의 색상을 사용하고 글로시한 느낌으로 밝고 젊은 느낌을 강조한다. 눈과 입술 모두 선명한 색을 사용하면 자칫 화려해 보일 수 있으므로 입술, 눈, 볼 등 어느 한 곳에만 포인트를 준다.

헤어스타일은 발랄하고 경쾌함을 강조하기 위해서 형태가 아래로 처지는 것보다 위로 향하게 연출하고 왁스, 무스 등의 스타일링제를 사용하면 더욱 효과적이다. 긴 머리는 포니테일 스타일이 적합하며, 묶을 경우는 위로 높이 묶으면 젊고 발랄한 이미지가 연출된다. 염색은 전체적인 염색보다는 컬러풀한 색상 배색을 중심으로 색의 대비를 강하게 하는 것이 효과적이다.

Image map

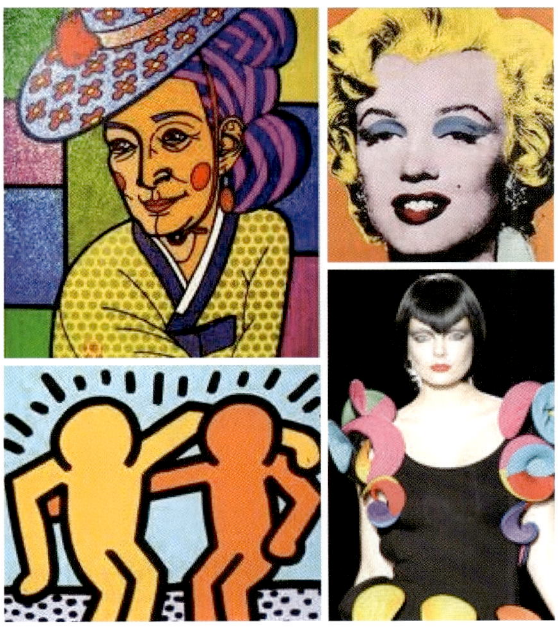

Color tone

Shadow Color

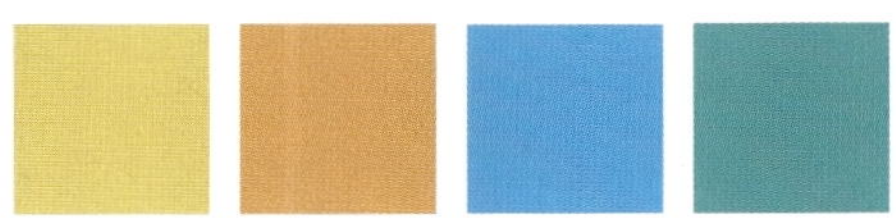

Lip Color

최주희

Pop-Art

Color Chip

eyebrow

eye shadow

cheek

lip

skin(Base)

작품 설명 헤어의 경우에도 선명한 옐로우 빛으로 포인트를 주었다. 기존의 메이크업에서 사용되는 색에서 벗어나 고채도의 비비드하고 강렬한 느낌을 주는 색상을 사용하였으며, 밝고 경쾌한 이미지를 만들고자 하였다.

Fantastic Make-up by Loni Baur

2012 한지수 작 Lip

7) 에스닉 (Ethnic)

민속풍의 토속적이며 이국적인 스타일로 자연과 문화의 융합으로 민속적 문양과 색생이 보여진다. 남태평양이나 아프리카의 원시적인 요소와 이국적인 원색의 컬러와 내츄럴한 올리브 그린, 브라운 색조 계열이 스토롱 톤과 딥톤으로 조화롭게 나타난다.

에스닉이미지로는 오리엔탈리즘(orientalism), 에조틱(exotic), 트로피컬(tropical), 포클로어(folklore) 등이 있으며 메이크업 뿐 아니라 전체적인 의상과 헤어가 함께 스타일링 되어야 한다.

신비한 이국적 정서를 표현하는 스타일로 다양한 인종의 개성이 부각되면서 중국, 이집트, 라틴 아메리카, 일본, 인도, 인디언 등의 개성은 매우 다양하게 유행에 따라 표현한다. 눈은 대체로 라인을 강조하고, 아이섀도는 황색이나 강렬한 색을 사용하여 민속적 특성을 살린다. 입술은 핑크와 붉은 입술이 대표적이다.

어느 한 특징 지역의 색채나 헤어 형태를 모티브로 디자인하는데, 그대로 사용되는 경우와 새롭게 변형을 추구하면서 독특한 민속적 스타일을 표현한다.

직모를 이용한 포니테일 스타일, 레게 스타일의 길게 땋은 머리, 동양풍의 업스타일, 이집트풍의 헤어스타일 등 민속의 특성을 살려 표현하며 가발, 터번, 모자 등 각국의 특유한 머리 장신구 등을 선택하여 다양하게 연출한다.

Image map

Color tone

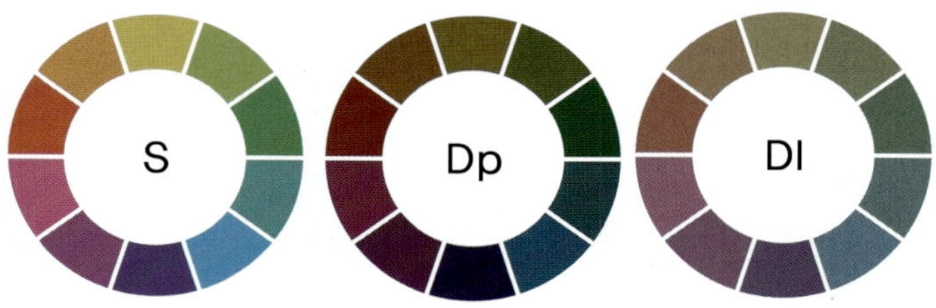

Shadow Color

Lip Color

Ethnic

Color Chip

eyebrow

eye shadow

cheek

lip

skin(Base)

작품 설명	공작새의 깃털을 장식적으로 하여 민속적이고 토속적인 느낌을 연출하였다.
	그린, 블루, 옐로, 레드 등의 컬러를 원색처럼 활용하여 신비한 이국적 아름다움을 표현하고자
	하였다. 작가의 작품을 다시 그려내며 기법이나 색상등의 조화로움을 재해석한 학생작이다.

2012 한지수 작 face7

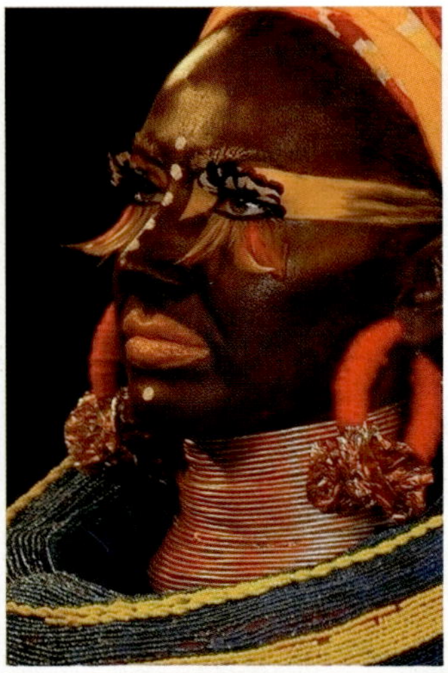

Vogue Paris August 2011

Christian Dior Spring 2007

8) 스테이지 쇼 (Stage show)

창의적인 트랜드를 앞서가는 메이크업으로 누드, 네츄럴에서 가장 전위적인 스타일에 이르기까지, 패션쇼의 성격에 맞는 스타일에 다 여기에 속한다.

주로 패션쇼의 무대 메이크업으로 설명되어지는 스테이지 메이크업은 의상을 돋보이게 할 때는 약하게 의상과 함께 강한 이미지를 전달하기 위해서는 굉장히 강한 메이크업을 연출하게 된다. 항상 시즌을 앞서 트랜드를 제시하는 무대인 만큼 다음에 유행 할 디자인과 색을 먼저 앞서 제시하기 때문에 언제나 새롭고 신선하다. 일반적인 유행보다는 앞서가는 개성적인 스타일로 독창적이며 다음 시즌 유행할 새로운 디자인의 제시를 하기위해 유행색상과 스타일, 재질에 대한 제안을 해야 한다. 모든 디자인의 장르가 융합되어지는 현재 스테이지 메이크업은 매우 다양하게 표현되어 진다.

Image map

Color tone

Shadow Color

Lip Color

Stage show

Color Chip

eyebrow	
eye shadow	
cheek	
lip	
skin(Base)	

작품 설명 강렬한 색채와 더불어 펄감을 사용하여 창의적이면서도 예술적인 느낌을 강조하였다.

특히, 아이 메이크업을 과장되게 강조하여 새롭고 신선한 느낌을 주고자 하였다.

Alexander McQueen

Pokotilov Eugene

Dior' s Couture Show 2011 ethereal makeup.

9) 아방가르드 (Avant-Garde)

전위적으로 기성의 개념을 부정하고 새로운 것에 대한 혁신적인 유행을 창조한다.대중성 보다는 실험적인 성격이 강하고 독창적인 이미지로 일반적인 배색의 조화 보다는 강한 색이 주류를 이룬다.
무채색과 유채색 또는 반대색, 대조의 효과로 표현 되어지며 상식적인 디자인 이미지의 파괴로 파격적인 스타일이다.
전체적인 이미지의 조화가 중요하므로 색과형태, 질감 등의 전체적인 디자인의 발상을 미리 정리하여 기획하여야 한다. 점차 환타지나 아트 메이크업의 경계가 모호해지며 과감하게 표현되어진다.
아트 메이크업과의 차이라고 한다면 트랜드와 유행경향을 지니고 있어 일반인이 하고 다닐 수는 없지만 전체적인 이미지는 유행에 영향을 미친다는 것이다.
도전적이고 실험적인 이미지를 개성있게 표현하며 전위적이고 예술적인 느낌을 주도록 한다. 피부표현은 테마에 따라 다양하게 하는데, 창백할 정도로 희게 하거나 피부색을 고려하지 않은 다양한 재질을 사용하며 일정한 스타일보다는 새롭고 독창적이게 표현한다. 눈은 다양한 기법으로 강한 라인을 강조하거나 오브제를 활용하여 강한 이미지를 부여한다. 아이라인, 인조 속눈썹으로 눈매를 강조하여 도전적인 이미지를 연출하거나 사이버 느낌의 실버색과 창백한 느낌으로 표현하는 등 다양하게 연출할 수 있다.
헤어디자인은 일정한 형태가 없는 것으로, 헤어라는 기존의 형식을 탈피한 것을 강조한다. 테마에 따라 다양하게 표현하는데 미래지향적이며 재질 또한 기존의 개념을 깨뜨린 다양한 소재를 사용하여 새로움을 창조한다.

Image map

Color tone

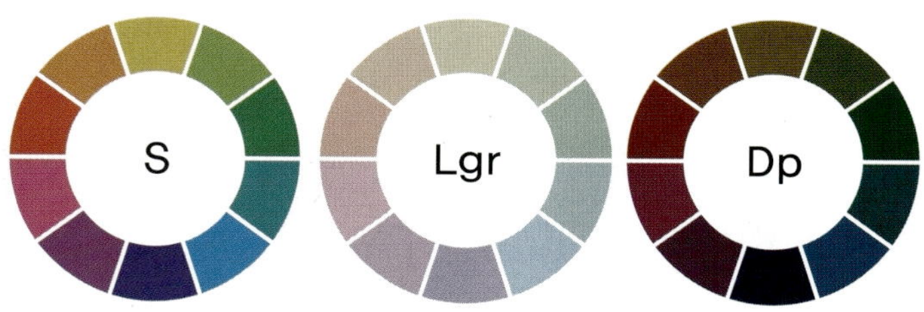

Shadow Color

Lip Color

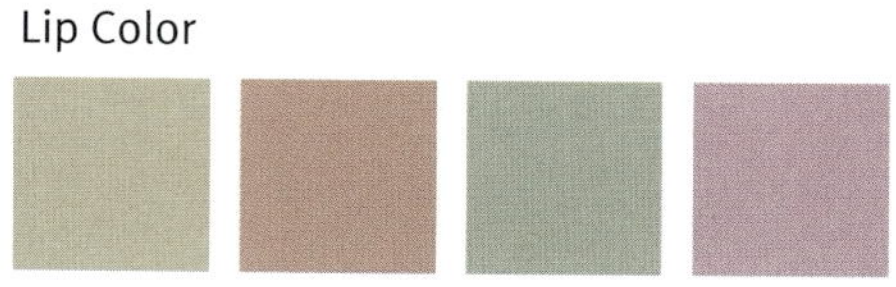

박별이

Avant-Garde

Color Chip

작품 설명 전반적으로 오렌지, 레드 계열 컬러를 눈썹, 눈, 헤어, 등에 사용하여, 기존의 메이크업의 상식과는다른 느낌을 주고자 하였다. 헤어의 경우에도 과감한 컷팅을 통해 추상적인 이미지와 질감을 연출하였다.

DAZED

02 아트 메이크업 일러스트레이션

1. 아트 메이크업 일러스트레이션

아트 메이크업은 일반화되고 도식화된 메이트업에 대한 상식을 초월하여 작자의 주관적 감성을 인체를 통해 예술적으로 표현한 메이크업으로 아트 메이크업에 가장 중요한 메시지를 표현하는 전달 매체는 인체인 것이다.
메이크업이 점차 강해지고 더욱 화려하게 변화하며 개성을 중시하기 때문에 스테이지메이크업이나 팝아트 메이크업의 경우엔 뷰티와 아트의 경계가 모호해 지고 있다. 또한 실제모델을 이용한 작품과 일러스트의 경계가 붕괴되며 하나의 이미지로 보여지는 융합의 작품들이 나타나고 있다.
신체에 표현되어지는 아트 메이크업은 예술적 해방과 자유를 추구하며, 인체가 지닌 구조적인 한계를 벗어나 인간이 신체에 대해 알고 있는 보편적인 지식을 거부한다.
아트 메이크업은 비상식적이고 비현실적인 이미지를 인간의 본능적이며, 원초적인 아름움과 결합하여, 보는 이로 하여금 강한 시각적, 예술적 감성을 자극시킨다.

1) 표현기법 - 부조(relief)

평면상에 형상을 입체적으로 조각하는 조형기법이며 그리스시대부터 제작되었다.

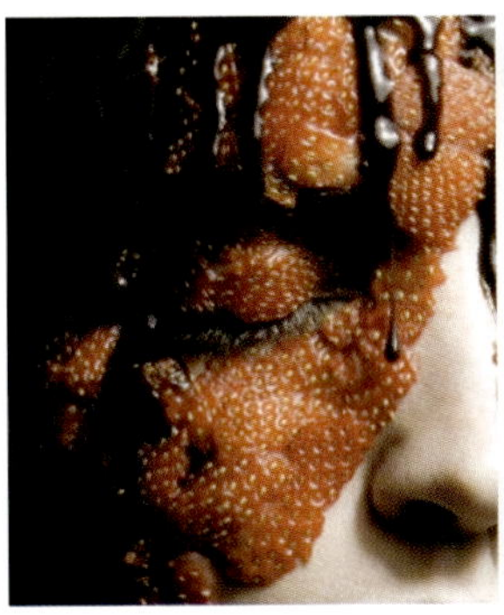

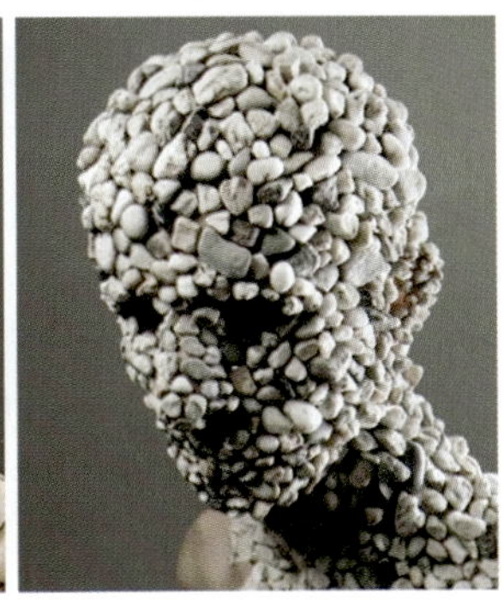

2) 오브제를 이용한 발상

아이 메이크업 뿐 만 아니라, 얼굴 전체에 메탈, 글리터 등 예상하지 못한 소재가 쓰이고 있다.

3) 표현기법 - 스탠실(stensiling)

글자나 무늬, 그림 따위의 모양을 오려 낸 후, 그 구멍에 물감을 넣어 그림을 찍어 내는 기법

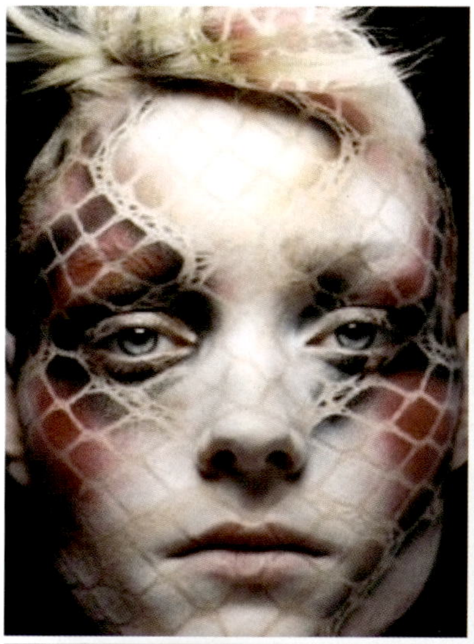

Art Makeup

Color Chip

eyebrow

eye shadow

cheek

lip

skin(Base)

작품 설명 다양하고 선명한 컬러를 사용하여 기하학적인 무늬를 표현한 아이 메이크업과 대비되어, 오렌지 립 컬러와 화이트 컬러를 염색한 헤어가 투명하게 느껴진다.

강한 색상대비처럼 모델의 얼굴도 카리스마가 풍기도록 얼굴의 표정과 눈빛을 강하게 표현 하였다.

Art Makeup

Color Chip

eyebrow

eye shadow

cheek

lip

skin(Base)

작품 설명 식물의 넝쿨을 활용한 아트 메이크업으로 여러가지 패턴의 스텐실을 응용하여 새로운 형태의 이미지를 연출할 수 있다. 조화로운 색의 배색과 면적대비를 활용하여 디자인을 하는 연습을 해야 한다.

문나경

Art Makeup

Color Chip

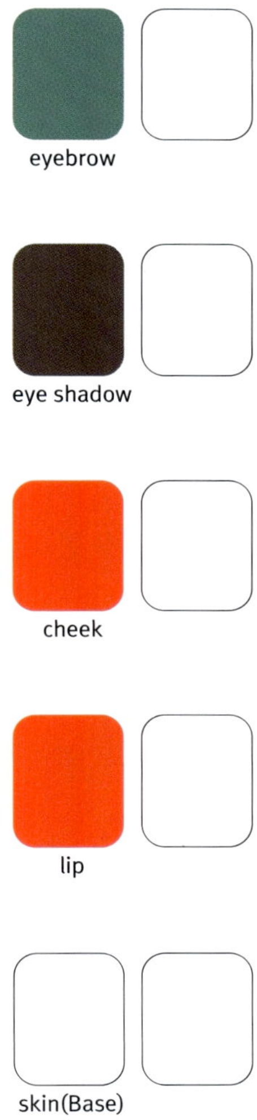

작품 설명 레드와 그린, 블랙 컬러를 적절히 조합하여 강렬한 여인상을 표현하고자 하였다.

스킨에도 레드를 표현하여 그러한 느낌을 더욱 확장시키고자 하였다.

모델의 얼굴 형태와 눈은 동물을 연상시킬 수 있도록 좀 더 과장하였고 눈의 기울기는 메이크업으로 연출이 가능할 수 있도록 아이라인과 속눈썹으로 연출 하였다.

2. 환타지 일러스트레이션

환타지는 환상적인 아름다움을 표현하는 아트 메이크업으로 얼굴을 벗어나 가슴까지 전체적인 컨셉과 이미지에 맞게 메이크업 디자인 하는 것으로 최근에는 뷰티메이크업과 아트 메이크업의 이미지를 자유롭게 넘나 든다. 얼굴은 곡선으로 이루어진 입체이므로 얼굴의 골격을 이해하고 면을 분할하는 것이 좋다. 특히, 환타지 메이크업은 트랜드 보다는 작가가 표현 연출하고자 하는 이미지를 메이크업으로 모델의 얼굴과 골격에 맞게 표현해야 한다.

1) 환타지 메이크업 표현 순서

컨셉 · 기획 (이미지 조사)

작가가 표현 하고자 하는 작품의 모티브가 될 수 있는 자료를 모아 이미지 맵을 만들고 새롭게 구상하여 작품의 컨셉을 정한다.
아이디어 스케치를 통해 작품의 전체적인 이미지와 생각을 정리하고 환타지 일러스트레이션을 통해 작품의 색감과 필요한 재료 도구 등을 결정하고 그 외 필요한 소품 등을 챙기고 작품의 이미지를 사진으로 남길 경우엔 작품의 배경과 조명까지 구상을 하도록 한다.

↓

면 분할(페이스 위에 라인 그리기)

작품에 어울리는 모델 결정 후 베이스 작업 후 주제를 중심으로 면을 나눌 수 있는 가장 대표적인 선을 보고자 하는 시점에서 그리며 전체적인 면의 비율이 조화로운지 살핀다.

↓

디자인 포인트 위치 선정

가장 장조 되어야 할 부분인 디자인 포인트를 결정하고 눈과 노즈(nose shadow) 부분의 선 등, 세부적인 선을 얼굴의 굴곡에 따라 그린다.

↓

채색(연한 색부터)

넓은 부분의 연한 색부터 채색하며 색상 배색 이미지를 활용하여 전체적인 색감과 조화를 검토한다. 종이와 달리 피부에 표현 할때는 피부의 색에 따라 표현하는 색상이 달라질 수 있으므로 피부의 전체적인 색감과 톤을 고려하여채색하도록 한다.

↓

디테일 표현(세필 붓, 재료)

세필 붓을 이용하여 포인트 색상을 채색하며 작고 디테일한 부분을 완성한다 작품 위에 올라갈 부조물이나 여러가지 재료를 배합하고 하고자 하는 디자인이 잘 표현 되었는지 확인하고 색감과 표현의 정도 등을 검토한다.

↓

전체적 조화와 완성(사진 촬영)

헤어 의상, 액세서리 등을 점검하여 전체적인 코디네이션을 작품의 성격에 맞도록 완성한다. 사진 촬영은 모델의 표정, 자세, 앵글의 위치, 조명, 배경에 따라 작품의 완성도가 달라지므로 기획의 단계에서 부터 고려하여 작품을 제작하여야 한다. 사진 촬영 후 보정 작업을 하도록 한다.

Fantasy

Color Chip

eyebrow

eye shadow

cheek

lip

skin(Base)

작품 설명 아름답고 선명한 붉은 점을 레드의 꽃 봉우리와 그린컬러의 잎사귀 느낌을 강조하였다.
색의 대비가 분명하게 대비되면서 신비로운 느낌을 살렸다.

Fantasy

Color Chip

eyebrow

eye shadow

cheek

lip

skin(Base)

작품 설명 어둡고 강한 빛깔의 블루, 그린 컬러 등을 사용하여 바다속의 차가운 이미지를 표현하였다. 아이 메이크업을 점으로 나타내어 생동감을 주고 언바란스 헤어컷으로 강한 이미지를 연출 하였다.

Fantasy

Color Chip

eyebrow

eye shadow

cheek

lip

skin(Base)

작품 설명 푸른 계통의 색상을 사용하여, 차갑고 동양적인 이미지를 표현하고자 하였고,
신비로운 숲의 요정이라는 모티브를 나타내었다.

Fantasy

Color Chip

eyebrow

eye shadow

cheek

lip

skin(Base)

작품 설명 아이 메이크업의 포인트를 주고 카키, 브라운, 오렌지 컬러를 어둡게 믹스하여 쓸쓸하고 공허한 가을의 여인을 표현하였다. 헤어는 꽃으로 포인트를 주었다.

Pokotilov Eugene

Nina Gorlushko

Yossi Bitton

Katy Perry – E · T 환타지 메이크업

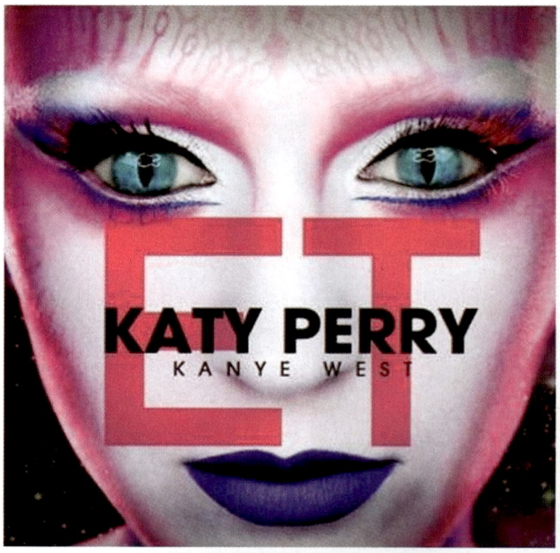

핀란드 메이크업 아티스트 – 장 사라의 작품

Nina Gorlushko

Yossi Bitton

GRAPHY

03 패턴북

1. 기본 디자인

MAKEUP WORK SHEET

모델의 얼굴에 메이크업을 하기 전 충분한 패턴 연습을 통해 풍부한 색과 형, 이미지를 소화하여야 한다. 아이디어 스케치를 통해 다양한 메이크업을 연출하고 수정 메이크업을 통해 완성도 있는 작품을 실현할 수 있어야 한다. 성공적인 메이크업을 위해 기본 디자인 패턴은 복사하여 다양한 재료와 형태로 연습하여야 한다.

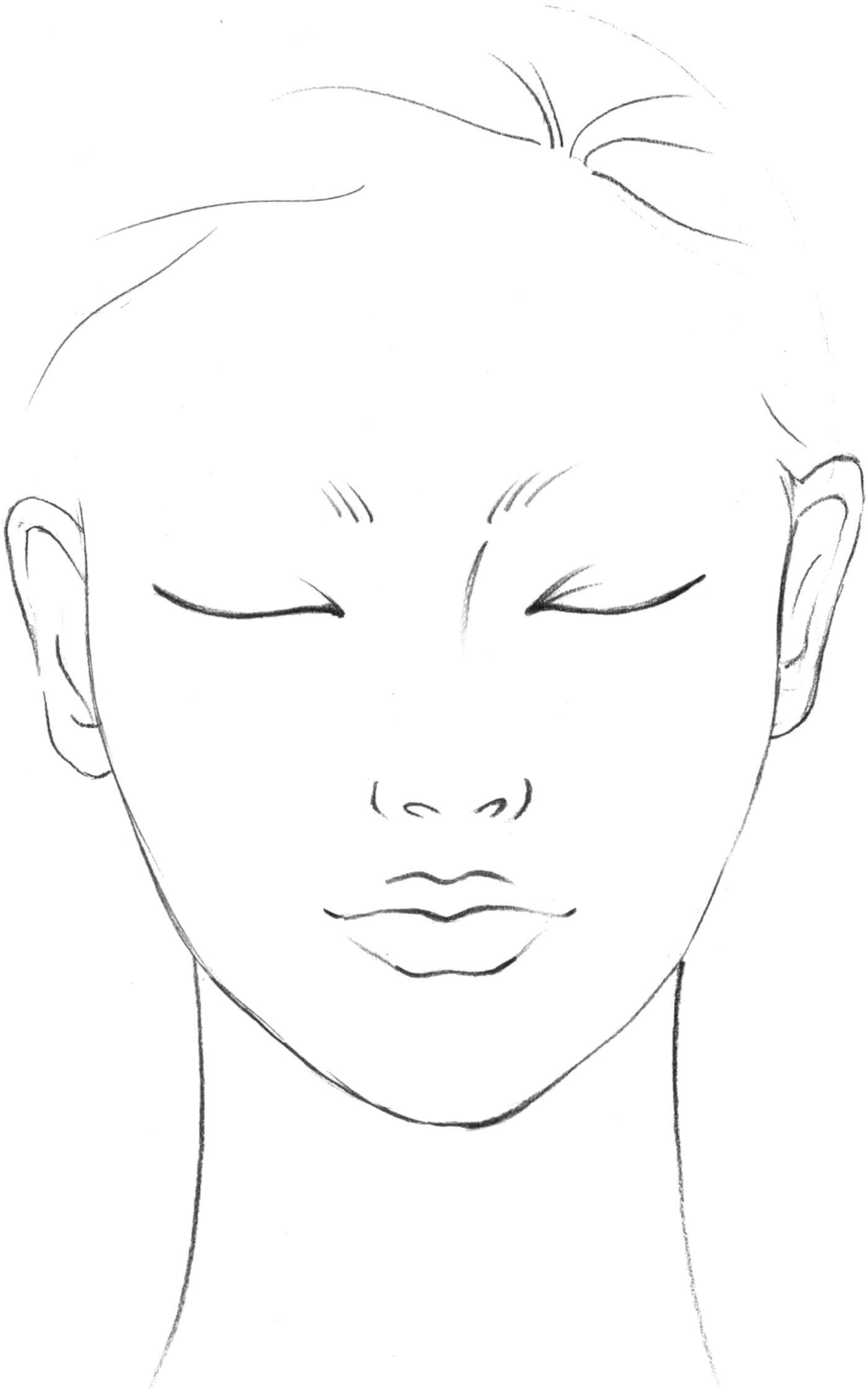

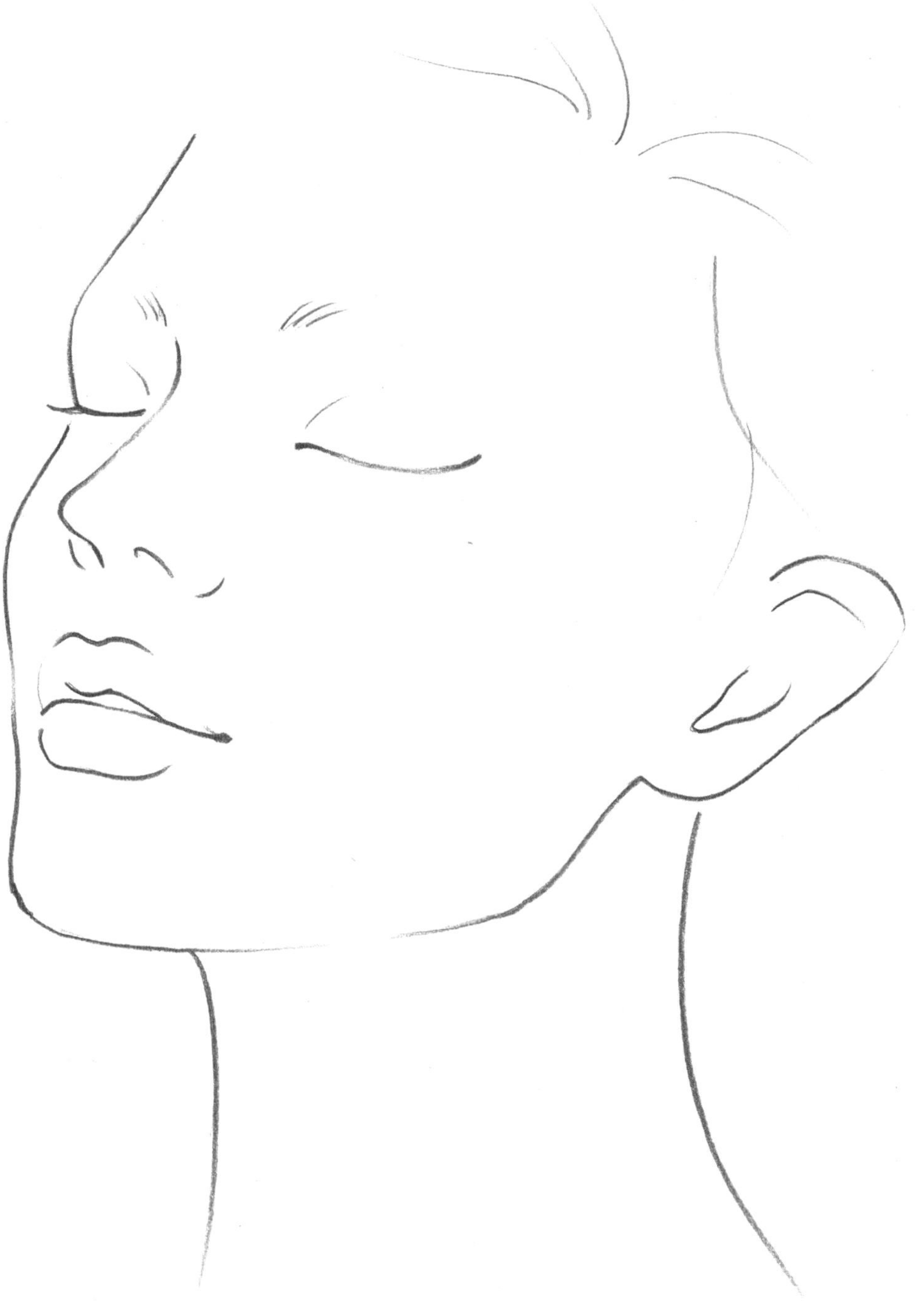

2. 응용 디자인

박찬송

Color Chip

Base(skin)

eyebrow

eyeshadow

cheek

lilp

Concept

Color Chip

Base(skin)

eyebrow

eyeshadow

cheek

lilp

Concept

안정민

Color Chip

Base(skin)

eyebrow

eyeshadow

cheek

lilp

Concept

이담은

Rapheal Vicenzi 일러스트 응용

Color Chip

Base(skin)

eyebrow

eyeshadow

cheek

lilp

Concept 파스텔 톤의 컬러와 부드러운 곡선감을 이용하여 귀족적인 분위기의 여인상을 표현하였다.

화려한 웨이브 헤어와 모자를 매치하여 고급스럽고 우아한 느낌을 강조하였다.

Color Chip

Base(skin)

eyebrow

eyeshadow

cheek

lilp

Concept 얼굴을 가리는 가르마의 숏커트와 강렬한 붉은 아이섀도와 립을 강조하여 강렬하고 그로데스크만 느낌을 표현하였다. 광대를 각지게 살려 차가운 이미지를 주었다.

Color Chip

Base(skin)

eyebrow

eyeshadow

cheek

lilp

Concept 깨진 거울에 비쳐지는 모습을 통해 추상적인 느낌을 표현하고자 하였다. 직선과 곡선을 적절히 배치하고 여러가지 형태의 도형들을 그려 기하학적인 느낌을 살렸다.

Color Chip

Base(skin)

eyebrow

eyeshadow

cheek

lilp

Concept 파스텔 톤의 색상을 사용하고, 전체적으로 로맨틱한 이미지를 주기 위해 디테일로 비즈를 사용하여 밝고 소녀적인 이미지를 표현하였다.

모델의 이미지는 소녀적이지만 당당한 눈빛으로 2013년도 프리티로 재해석하였다.

창작무용 캐릭터의 이미지에 따른 아트 메이크업

Color Chip

Base(skin)

eyebrow

eyeshadow

cheek

lilp

Concept

PART

5

바디 일러스트레이션의 표현

인체가 움직일 때 생기는 여러 가지 곡선과 힘의 운동감을 이해하기 위해서는 근육과 뼈의 구조를 먼저 이해해야 한다. 인체의 내부 구조는 매우 다양하고 복잡하게 되어있지만 외형을 표현하는데 있어 인체 내부의 구조를 이해하고 보면 인체 외형을 그리는데 큰 도움이 된다.
우선 인체의 내부구조를 움직이지 않고 고정된 골격과 운동감이 발생되는 관절부분으로 구성된 선으로 구조를 이해하고, 그 각 부분의 형태와 연계성을 고려하여 인체 내부와 연결된 인체의 외형을 연습하고 인체의 동작과 그 특징을 주의하여 그리면 인체의 프로포션을 보다 정확하게 표현할 수 있다.

01 인체의 프로포션

일반적인 일러스트레이션에서 다루는 인체는 디자인을 착장시키는 이상형의 체형을 대상으로 한다. 인체의 각 부분들의 특징을 파악하고 부분연습을 거쳐 부분을 전체로 조립해 보면 누구라도 쉽고 정확한 인체의 비례를 그릴 수 있다.

인체는 해부학적으로 골격과 근육으로 이루어져 있으며 인체를 형성하고 있는 일차적인 요소는 골격이다. 그 위에 근육이 감싸여 인간의 외형을 형성한다. 인체의 골격과 근육을 이해하는 것은 바디 페인팅을 표현하기 위한 기초적인 중요 요소이며 다양한 포즈를 형성하는 골격과 근육의 움직임을 충분히 이해해야만 아름다운 바디페인팅 작품을 제작할 수 있다.

1. 인체 프로포션과 바디 일러스트

미술에 있어서 카논(canon)은 '곧은 막대기', '갈대'라는 뜻인 히브리어 '카네(qaneh)'에서 유래하였고, 갈대는 인류가 척도를 재기 위해 처음으로 사용한 자이다. 이 말은 그리스로 전래되어 'kanon'이 되어, 측량의 표준, 규범이나 규칙의 뜻으로 전의되었으며 가장 훌륭한 문학작품에 카논이라는 말을 붙였다. 즉 카논이라는 말은 다른 것과 비교해서 규범이 되고 표준이 된다는 의미이다. 미술이나 조각에서는 카논을 조화롭고 아름다운 비율의 뜻으로 사용하며, 팔등신과 같이 이상적인 비례를 의미한다. 기원전 4~5세기 경 그리스의 조각가 폴리클레이토스(Polykleitos)는 인체의 비례와 율동적 표현에 관한 〈카논〉이라는 책을 저술하였다.

'창을 가진 사람'(Spear Bearer) 조각상, 〈도리포로스〉(Doryphoros)는 영웅 아킬레우스를 표현한 것으로 여겨지며, 인체의 비례를 구상화한 폴리클레이토스의 대표작이다. 도리포로스 상(像) 자체가 카논이라 불리어질 정도로 폴리클레이토스가 표현한 인체의 비례는 그리스 조각의 모범이 되었다.

기원전 4세기 경 리시포스(Lysipos)는 폴리클레이토스가 신장을 머리 길이의 일곱배가 되도록 정한 칠등신의 인체 비례를 팔등신으로 바꾸어, 팔등신 비례의 아름다움이 유래되었다.

레오나르도 다빈치는 기원전 1세기경에 살았던 로마 건축가 비트루비우스(Marcus Vitruvius Pollio)를 모델로 하여 〈원과 사각형 속의 인간〉, 즉 〈비트루비안 맨〉(Vitruvian Man) 드로잉을 그렸다.

다빈치는 비트루비우스의 저서 〈건축 10서〉(De architectura)의 제3장 〈신전 건축편〉에서 '인체에 적용되는 비례의 규칙을 신전 건축에 사용해야 한다'는 내용을 읽고 이 인체 비례도를 그렸다.

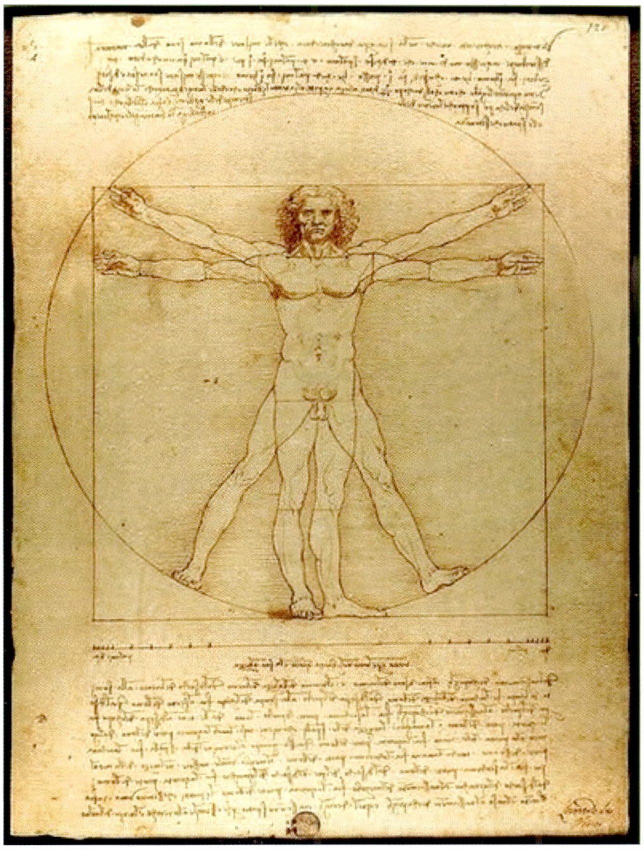

비트루비우스는 다음과 같이 정의했다.

"인체의 중심은 배꼽이다. 등을 대고 누워서 팔 다리를 뻗은 다음 컴퍼스 중심을 배꼽에 맞추고 원을 돌리면 두 팔의 손가락 끝과 두 발의 발가락 끝이 원에 붙는다. 발바닥에서 정수리까지의 길이는 두 팔을 가로 벌린 너비와 같기 때문에 두 팔의 길이와 신장을 변으로 하면 정4각형이 된다."

레오나르도 다빈치는 비트루비우스의 비례를 실험하였으며, 비트루비우스의 비례를 그대로 받아들이지 않고 실제로 인체의 부분, 부분의 길이를 실측하여 인체 비례도를 그렸다.

엄격한 비례, 카논은 실생활에 사용되는 종이에도 적용된다. 복사지로 많이 쓰이는 A4 용지의 규격은 297×210mm이다. 이는 A판 용지를 만드는 전지(全紙) A0를 재단할 때 낭비가 없도록 만들어진 규격이다. A0의 규격은 1189×841mm이다.

즉 A판 용지란 폭과 길이의 비가 1:1.414로 주어지는 용지로 황금비율인 1:1.618과 흡사하다. A4용지란 전지를 각각 1/4로 재단한 것이며, B판 용지 면적은 A판 용지 면적의 1.5 배인 1.5m^2로 정한다. A판과 B판 용지들은 모두 비례관계에 있으므로 적절한 비율로 확대하거나 축소해서 다른 용지에 복사가 가능하다.

1) 인체에 대한 기본적인 이해

- 일반적으로 바디페인팅 일러스트레이션에서 다루는 인체는 사실적인 인체의 표현보다 작가의 의도가 잘 나타날 수 있는 프로포션을 사용한다. 인체의 각 부분 부분의 특징을 파악하여 연습 한 후, 전체적인 인체의 비율과 골격을 알고 그리면 보다 쉽고 정확하게 인체를 묘사 할 수 있다.

- 인체는 해부학적으로 근육과 뼈(골격)로 이루어져 있으며 인체의 가장 기본적인 요소는 뼈(골격)로써 뼈대를 잘 잡아야 비율과 균형이 흐트러지지 않는다. 골격 위를 근육이 감싸고 있으며 이것이 인간의 기본적인 외형을 지지하고 있다. 인체의 구성을 잘 이해하는 것은 심미적인 기능 외에도 보는 사람으로 하여금 전체적인 표현이 실제적으로 표현되었을 때의 느낌과 모습을 정확하게 전달하기 위해서 필수적이다.

- 인체가 움직일 때 생기는 여러 가지 기울기와 곡선, 운동감을 이해하고 그리기 위해서는 근육과 뼈의 구조를 이해해야 한다. 인체의 내부는 매우 복잡하고 다양하지만 피부로 덮여 있는 외형을 이해하고 표현하기 위해서 큰 도움을 준다.

- 인체를 표현할 때는 전체적인 포즈와 전체적인 외형의 형태를 결정하는 뼈대(골격)와 관절(운동감이 발생되는 부분을 단순화한 목각인형이나 단순한 라인만을 그려서 이해하는 것이 가장 빠르고 쉽다. 각 부분의 연계성과 형태를 고려하여 인체의 내부와 외형의 연관성을 주시하며 그 특징을 이해하고 익혀서 그리는 것이 가장 중요하며 전체적인 발란스와 무게중심도 고려해야 한다.

Tip. **인체의 프로포션 :** 머리크기에 대한 신장의 비율

10등신을 기준으로 한 인체 골격

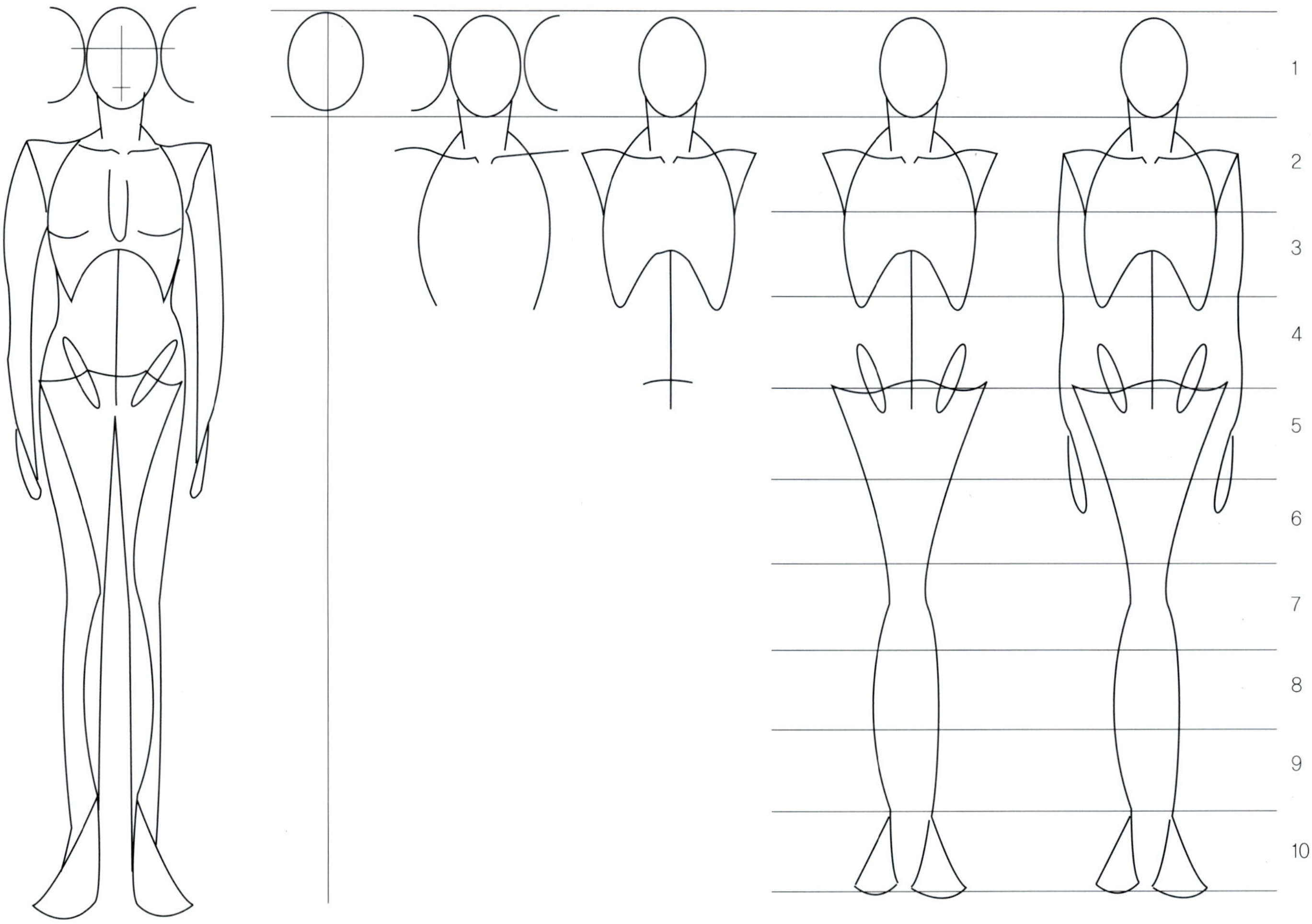

골격을 이용한 다양한 포즈 연습

2) 8등신과 10등신

(1) 인체 프로포션과 일러스트를 위한 바디

■ 인체의 사실적인 구조는 7~8등신 정도가 기본이지만 일러스트를 그릴때는 8~10 등신 또는 그 이상으로 과장하여 표현하기도 한다.

■ 프로포션은 비례, 비율, 분할, 균형을 전반적으로 뜻하며 전체와 부분에 대한 관계를 의미한다. 인체에 있어서 프로포션이란 머리 크기에 따른 신장의 비율이라고 할 수 있는데 머리의 길이를 1로 보았을 때 신장의 등분에 따라 8등신, 9등신 등으로 표현되고 있다. (머리 : 신장 = 1 : 8)

■ 이상적인 프로포션은 문화권과 시대적인 트렌드에 따라 다르다. 실제적인 사람의 이상적인 성인 여성의 인체 비례는 8등신이며 이는 그리스 시대의 이상적인 인체비례와 같다. 하지만 요즘 9등신 정도의 장신 모델들이 나오면서 점차적으로 더 가늘고 긴 인체비율을 선호하는 경향이 두드러지고 있다. 이에 따라 일러스트레이션의 바디에서도 사실적인 인체의 비율 보다는 데포르메이션(deformation:프랑스어) 을 통해 10등신 이상의 비율이 나타나는 경우가 많아지고 있다.

■ 바디페인팅 일러스트레이션에서는 보다 이상적인 비율의 표현을 위해서 보통 10등신 이상의 프로포션으로 그리고 있다. 이렇게 이상적인 시각적 효과를 내기 위해서 양식화되고 변형된 인체의 형태들을 패션 바디라고 부른다. 하지만 메이크업의 이미지나 작가의 스타일에 따라서 7등신이나 9등신, 12등신 등으로 그릴 수 있다. 모든 등신은 두상을 기본으로 하며 흉부와 골반의 크기를 등신에 따라 조절해 주고 다리 길이부분을 과장, 수정하여야 비율이 맞아 보인다. 예를 들어 가늘고 길게 인체를 묘사하고자 할 때, 발 끝 부분으로 내려감에 따라 자연스럽게 길이를 늘여준다. 변화된 몸통의 넓이와 길이에 따라 손목과 허리선과 힙선의 위치와 넓이도 수정해 주어야 전체적인 비례가 조화롭다는 것을 명심해야 한다.

■ 메이크업 일러스트레이션에서 묘사되는 인체는 메이크업의 특징과 컨셉을 보다 잘 보여줄 수 있어야 하며 그 시대의 트렌드와 개념에 따라서 민감하게 반응하고 변화해야 한다. 또한 작가의 개성과 스타일에 따라서 약간씩의 변화가 있으므로 기본적인 인체의 프로포션을 충분히 익힌 뒤에 개성을 더하고 변형하는 과정을 밟아 나가는 것이 중요하다.

(2) 8등신과 10등신 정면 그리기

■ 가장 이상적인 인체의 비율은 바로 8등신이라고 한다. 인체의 비례는 정자세를 취하고 있을 때 두상의 길이에 따른 신장의 비율로써 이는 두상의 길이를 1로 잡았을 때 발끝이 8배가 되는 것을 뜻한다.

■ 따라서 10등신은 8등신보다 머리가 작고 키가 크다는 것을 의미한다. 팔과 다리가 더 길며 일러스트적으로 표현했을 때 더욱더 세련된 일러스트 프로포션이 연출된다.

■ 인체는 좌우대칭이며 정면을 바라보고 있는 인체를 그릴 때는 중심선을 그려 왼쪽과 오른쪽이 동일하게 그려야 하는 것이 매우 중요한 요소이다.

8등신의 인체와 데포르메이션된 10등신의 인체 프로포션

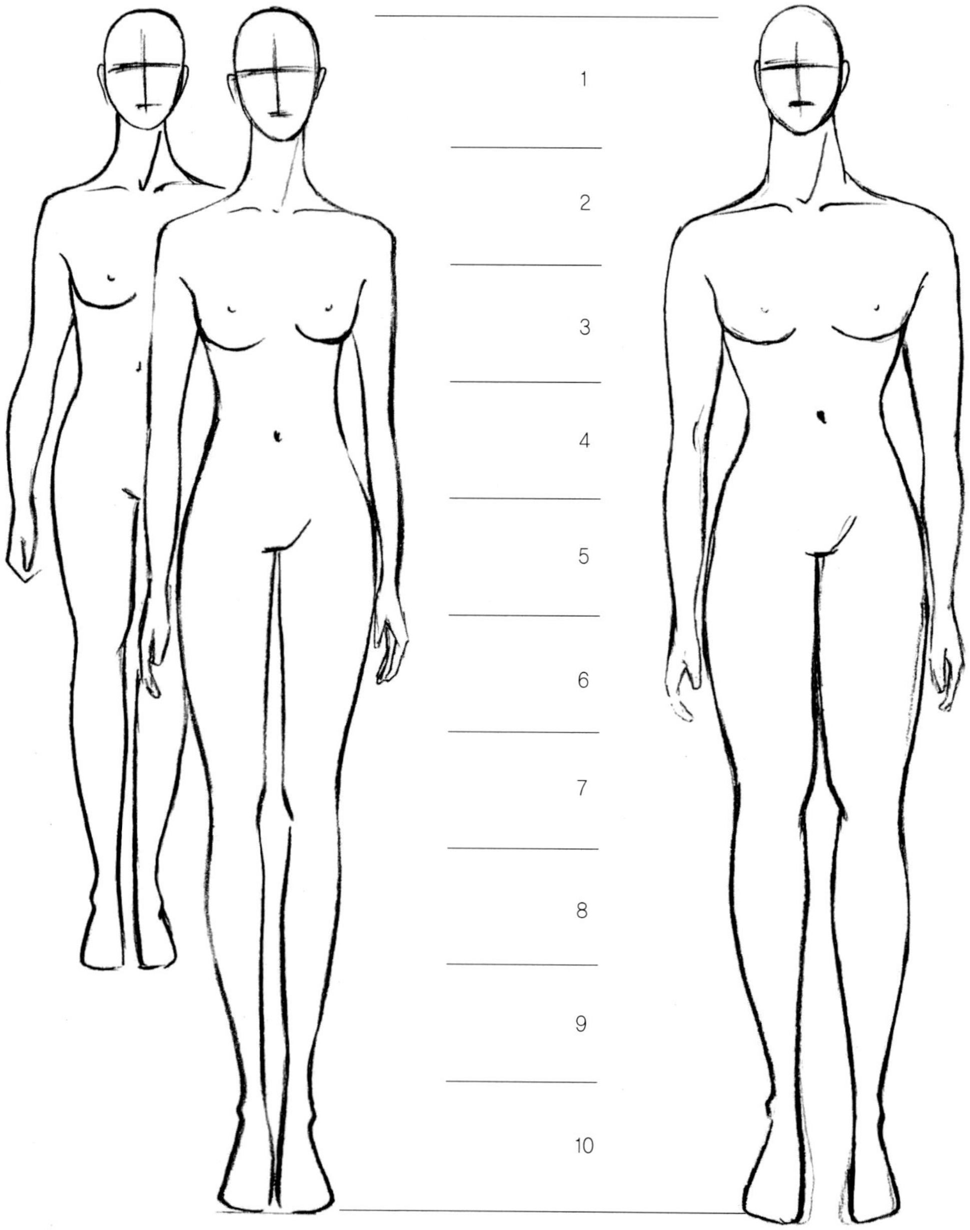

10등신의 이상적 체형과 근육질의 체형

여러가지 다양한 체형을 같은 비율에 맞추어 그릴 수 있다.

8등신과 10등신 프로포션 비교

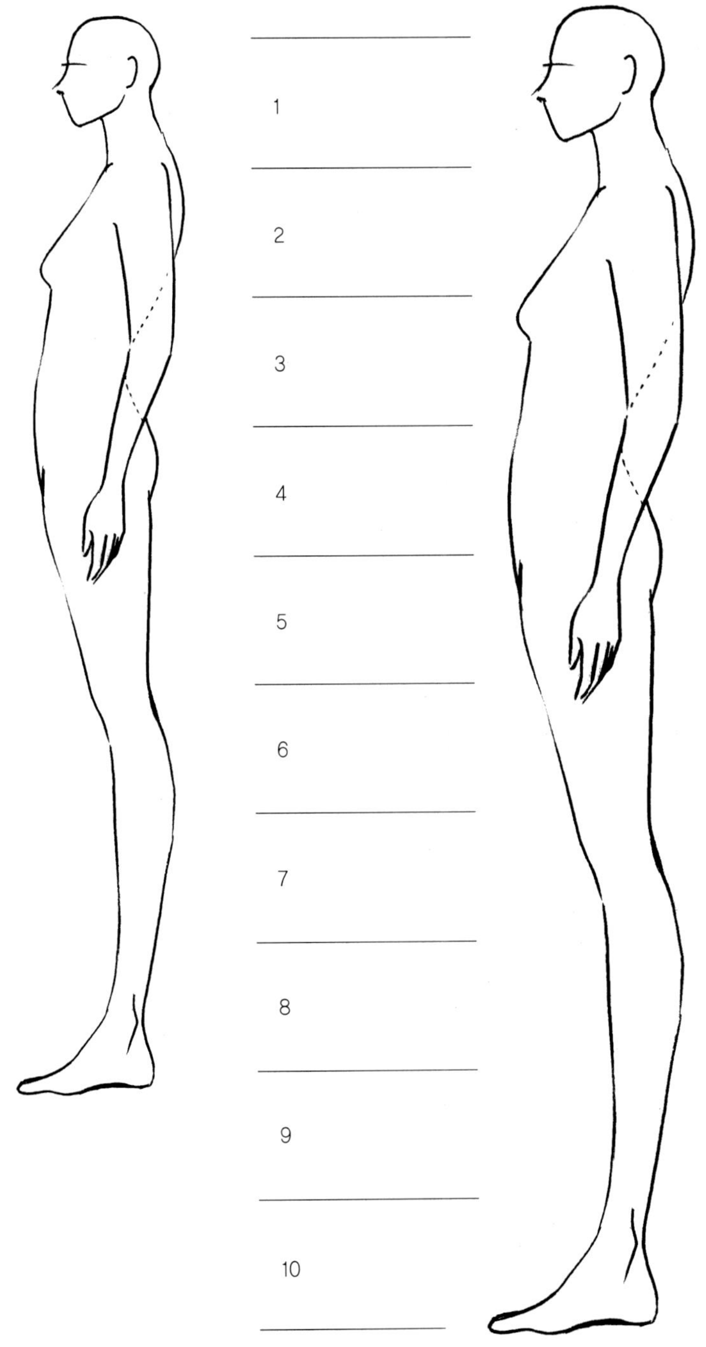

(3) 8등신과 10등신 측면 그리기

- 측면 프로포션은 정면과 동일한 위치를 기준으로 삼는다. 하지만 방향과 형태를 가만하여 그려야 한다. 측면에서는 귀에서부터 바닥에 이르는 수직선을 무게의 중심선으로 하며 발꿈치가 이 중심선에 위치해야만 인체가 안정적으로 서있는 것처럼 보인다. 인체가 정면을 보고 서있는 모습을 측면에서 봤을 때 등과 허리 곡선을 통해 S모양의 완만한 곡선을 볼 수 있다. 이를 주의하여서 그려야 보다 자연스러운 모습으로 묘사 할 수 있다.

2. 인체의 움직임과 부분적인 표현

1) 팔과 다리의 회전

인체가 무게중심을 잡고 안정적으로 서있을 때 팔꿈치는 허리선에 손끝은 허벅지의 중간 정도에 위치한다. 인체의 중심축과 무게 중심을 잡고 있는 다리를 잘 살펴보아 힘의 이동과 균형의 원리를 이해하는 것이 중요하다. 몸통이 안정적으로 무게 중심을 잡고 있다면 팔과 다리는 다양한 각도로 움직일 수 있다. 팔의 중심축은 어깨이며 실제로 인체의 포즈를 바꾸지 않더라도 팔의 위치를 다양하게 변화시켜 포즈의 변화를 줄 수 있다. 이와 같은 방법으로 인체의 균형을 깨뜨리지 않으면서 동작의 크기와 이미지를 조정하여 옷을 가장 잘 보여줄 수 있는 포즈를 스케치할 수 있다. 또한 새로운 포즈를 그리려고 할 때 이미 익숙하게 연습한 바디 위에 팔다리만을 변형하여 시간을 적게 들이면서 바디일러스트레이션의 포즈를 완성하는 효과를 주기도 한다.

팔 · 다리 움직임에 따른 프로포션

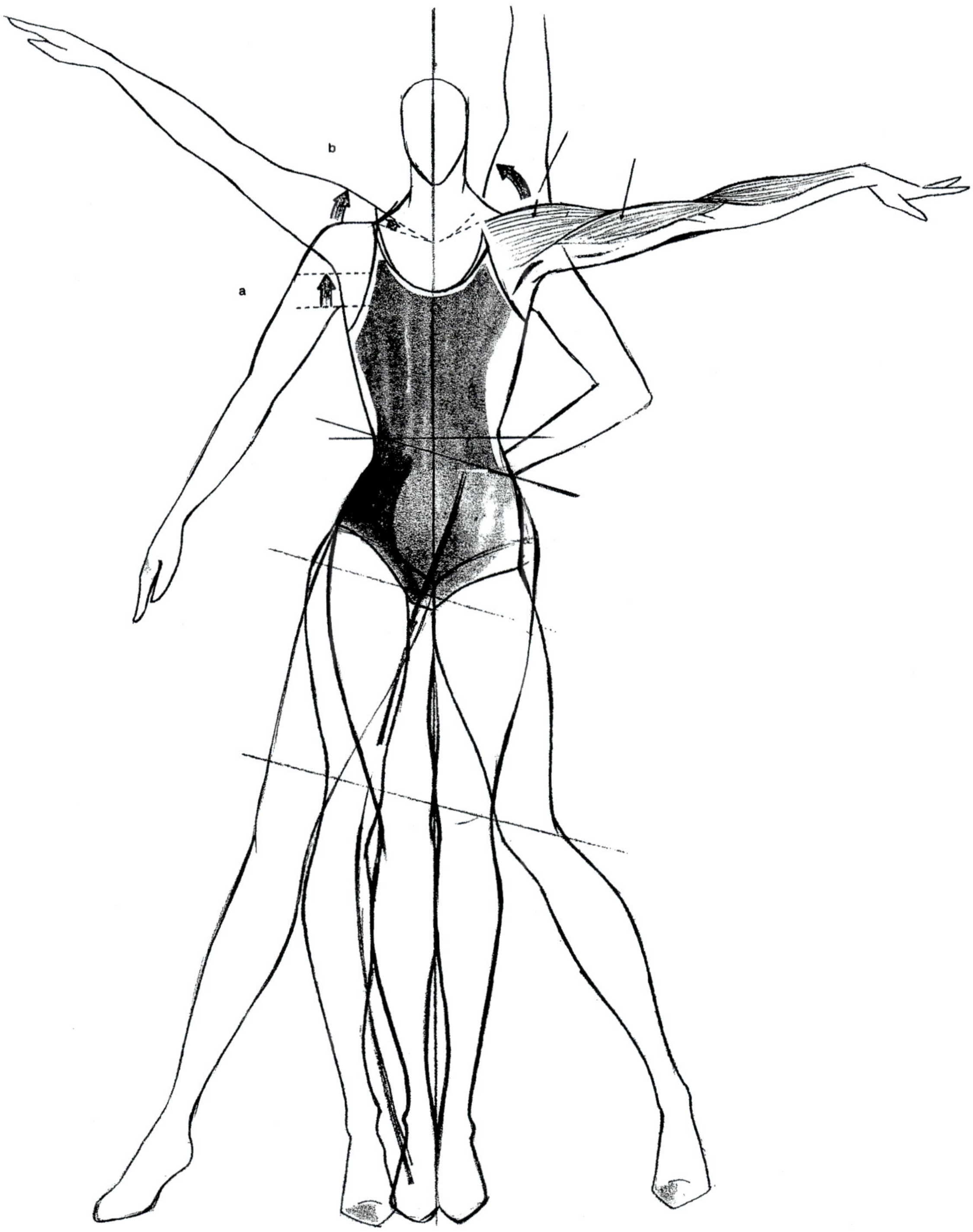

팔과 다리의 회전(사면)

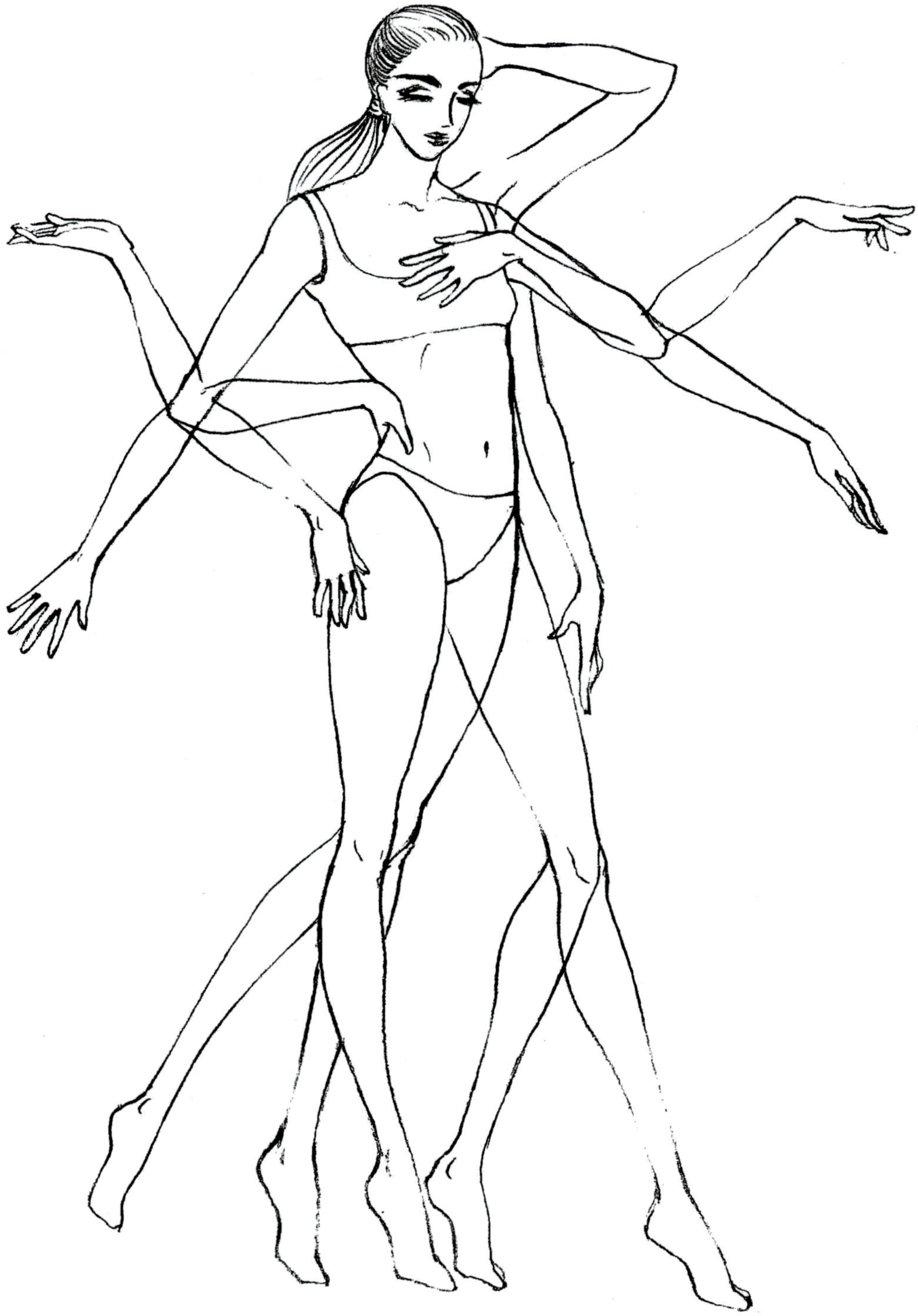

2) 손과 팔의 포즈 그리기

손등과 손가락은 1:1의 비율로, 남성의 손은 투박하게 여성의 손과 팔은 부드럽고 긴 프로포션으로 간결하면서도 우아하고 섬세한 느낌을 잘 살릴 수 있도록 깨끗한 선으로 그려준다. 손과 팔의 형태를 잘 그리기 위해서는 꺾어지는 마디의 위치와 각도, 손가락과 팔의 길이와 비율, 팔과 손, 바디와의 조화 등을 고려해야 한다.
손은 크게 3부분 즉, 손바닥, 엄지손가락 그리고 나머지 4손가락으로 구분할 수 있으며, 가운데 손가락의 길이는 손 전체의 길이의 절반보다 약간 길다.
팔은 인체 포즈의 균형감과 인물의 성격을 완성하는 중요한 부분이다. 팔의 길이는 다리길이에 비례하므로 9등신 이상이 될 경우 팔의 길이도 그만큼 비례에 맞게 길게 그려주어야 한다.

손등과 손가락의 비율은 1:1

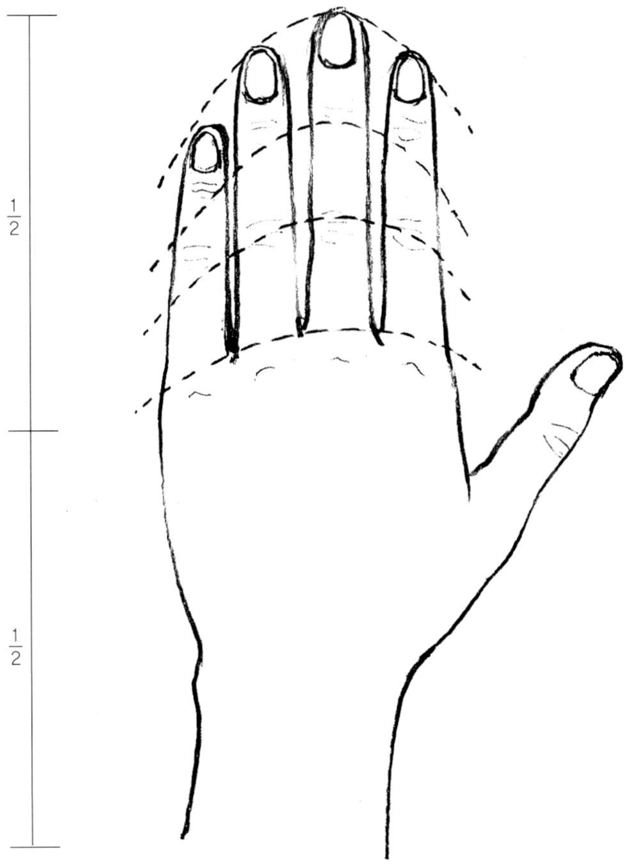

팔의 포즈

팔꿈치를 중심으로 볼때 어깨와 팔꿈치까지의 길이는 팔꿈치에서 손등까지의 길이 비율이 되도록 한다.

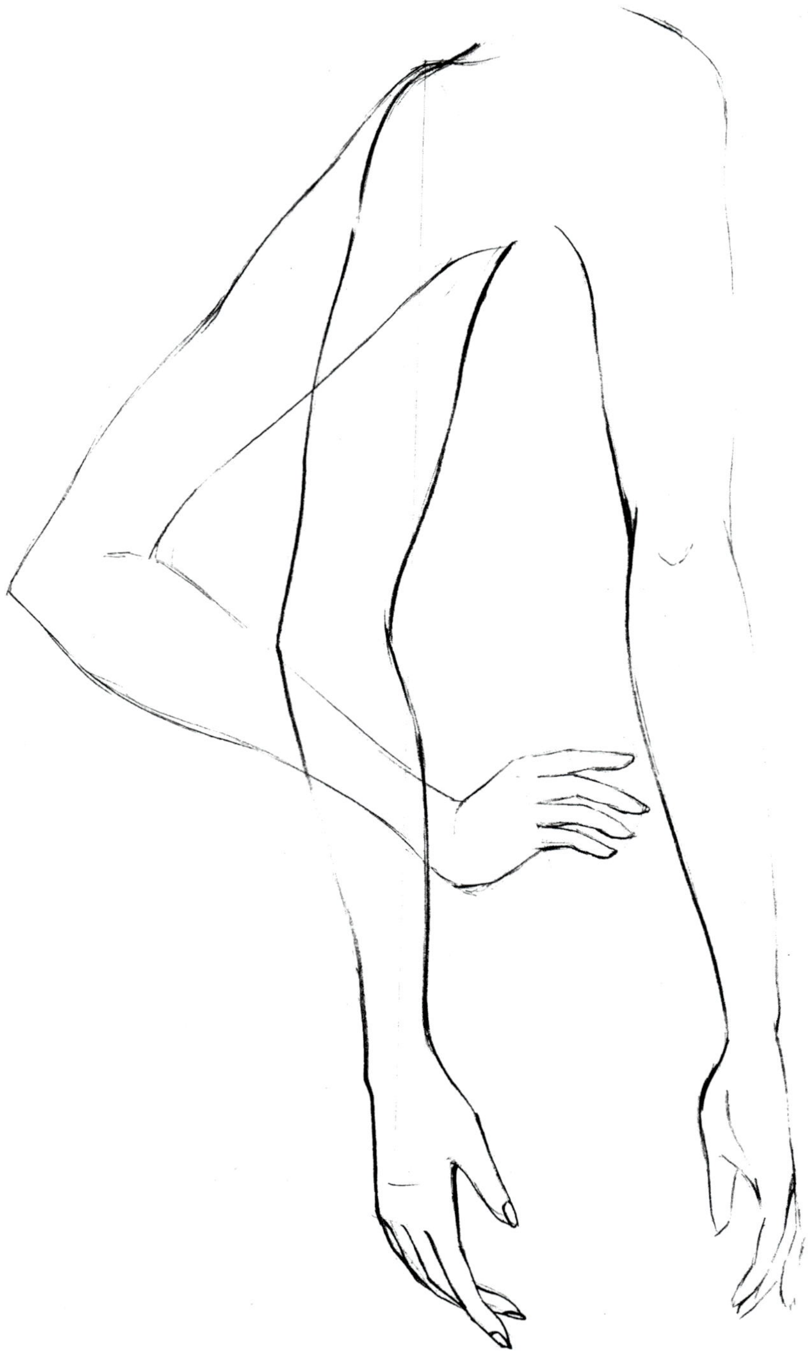

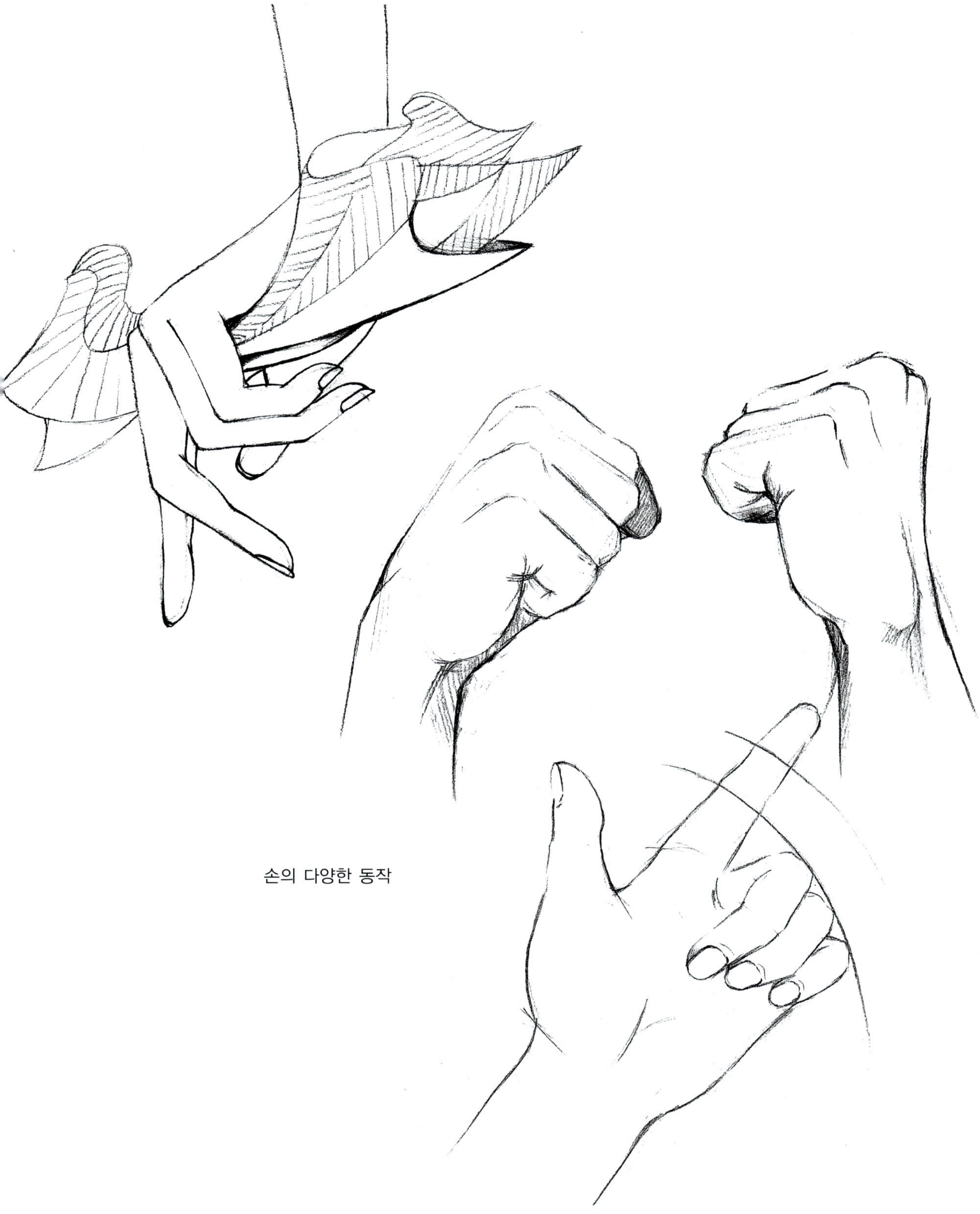

손의 다양한 동작

3) 발과 다리의 포즈 그리기

바디페인팅 일러스트에서 다리는 근육질의 강인한 이미지와 아름답고 곧게 뻗은 다리로 이미지를 효과적으로 전달하기 위해서 매우 중요한 역할을 한다.

다리의 길이는 다소 길어져도 전체적인 실루엣에 크게 영향을 주지 않으므로 종종 과장되게 표현하나 전체 다리길이에서 허벅지보다 종아리를 약간 길게 그려주어야 시원스러운 각선미를 표현하기에 효과적이다. 무릎의 곡선이 종아리와 연결되는 부분을 주의 깊게 처리하도록 연습하고 종아리 안쪽이 바깥쪽보다 곡선 커브가 강해 근육감이 느껴지도록 매끄러운 곡선으로 완성한다. 허벅지의 굵기는 종아리보다 더 두껍게 그리고 발의 크기는 얼굴의 길이와 같거나 약간 크게 그려주면 전체적으로 안정감을 줄 수 있다.

그러나 바디페인팅 일러스트는 이미지에 맞게 과장되게 그리는 경우가 많으며 사실적인 그림보다 이미지 전달에 더 효과적이다.

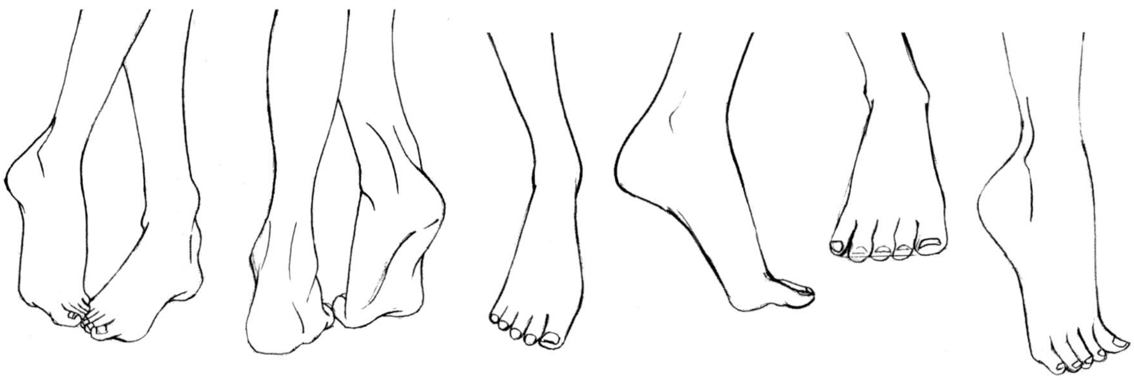

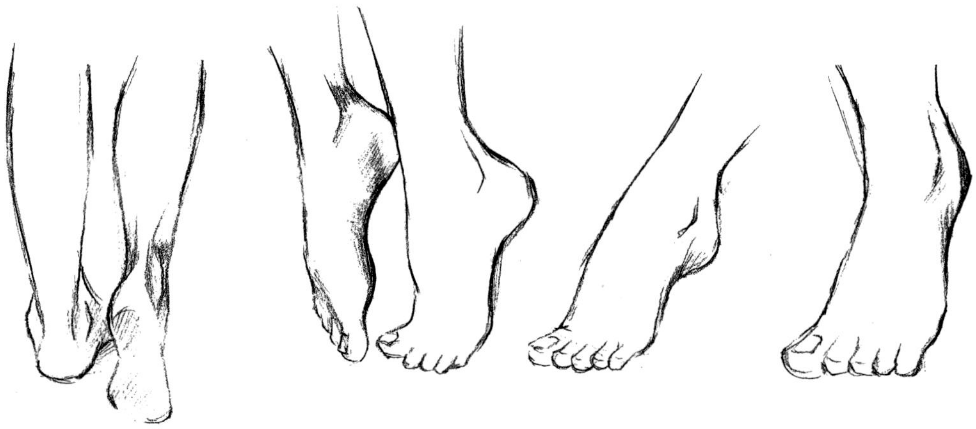

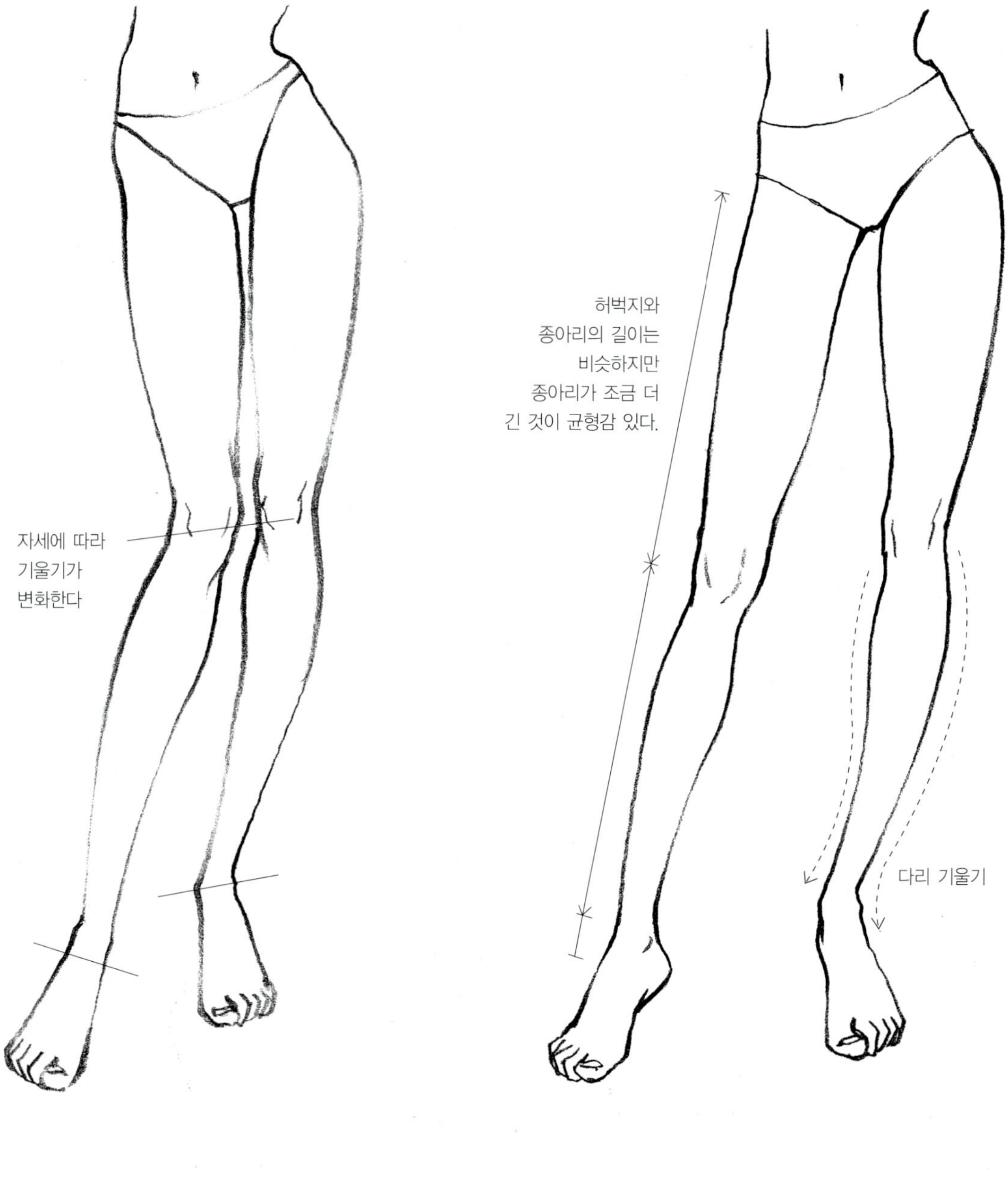

다리 근육은 자세에 따라 근육의 형태가 달라지며 전체 몸을 지탱하는 부분이므로 무게 중심을 파악하여 그리도록 한다.

4) 포즈에 따른 프로포션과 균형

인체의 움직임을 표현하는데 있어서 가장 중요하고 기본적인 것은 움직이는 포즈의 균형감을 유지하는 것이다. 인체의 세부적인 묘사가 아무리 잘 되어 있어도 전체적인 균형감이 깨지면 완성도가 떨어질 수밖에 없다. 초보자가 인체의 다양한 움직임을 이해하고 익숙하게 동작을 드로잉하는 것은 어려운 일이나 균형의 원리를 이해하고 이를 포즈에 적용시킨다면 보다 쉽게 포즈를 완성할 수 있을 것이다.

인체는 움직임에 따라 힘의 축이 이동하고 무게 중심선이 생긴다. 정면포즈와 측면포즈 그리고 정면의 3/4이 보이는 사면포즈 등 다양한 각도에서의 인체의 중심축이 변화되어 무게중심이 이동하는 원리를 이해하고 토르소와 여러 포즈의 팔과 다리가 자연스럽게 매치되는 힘의 이동과 균형의 원리를 충분히 이해하여 움직임을 정확하게 표현하여야 한다.

인체의 움직임은 일러스트레이션에서 활기와 생명력을 부여하고 디자인의 장점과 특징을 잘 전달할 수 있다. 다음 제시되는 여러 가지 동작의 인체드로잉을 통해 힘이 이동하고 균형을 유지하는 기본적인 여러 가지 포즈를 살펴볼 수 있다.

9등신 인체 프로포션

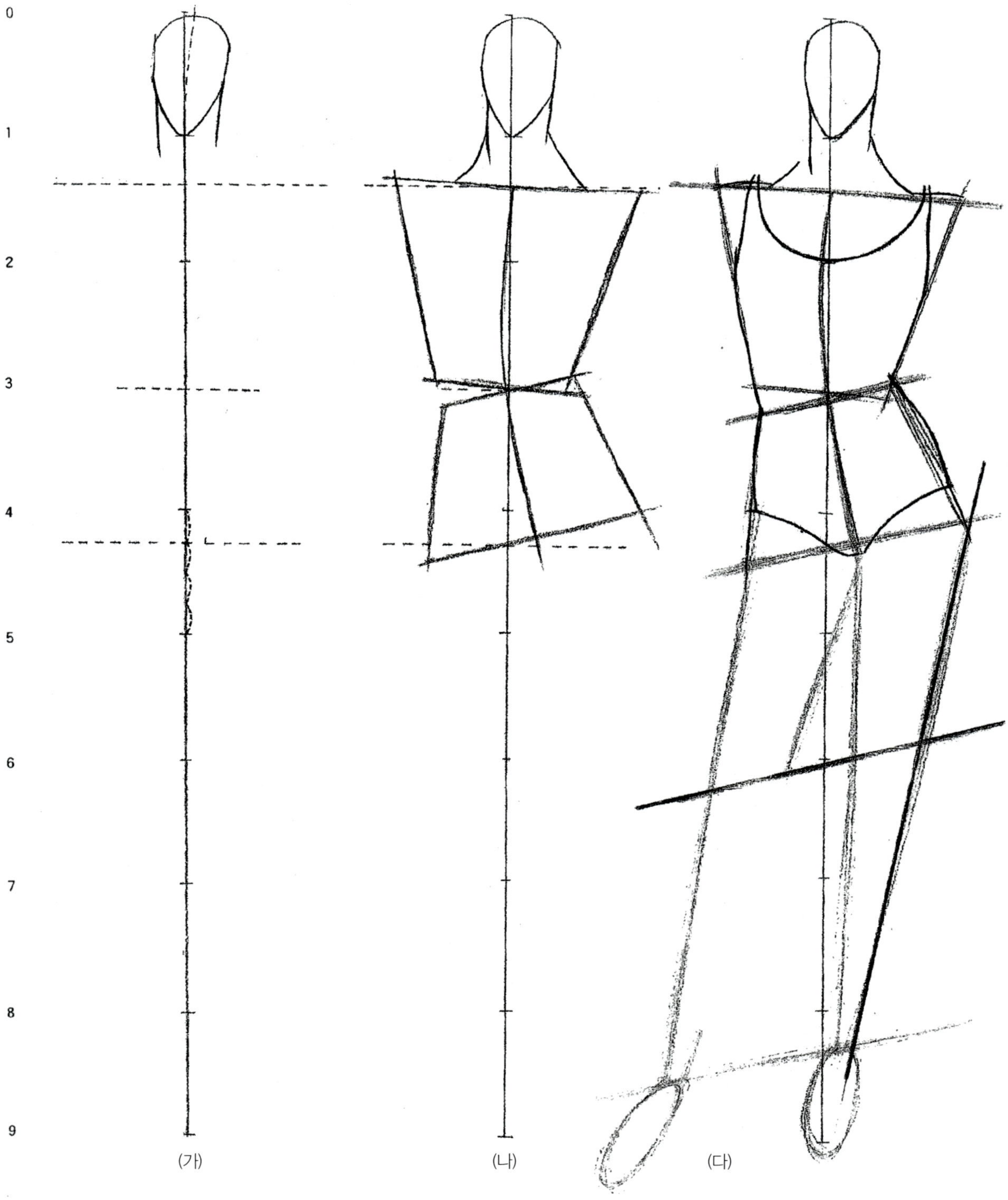

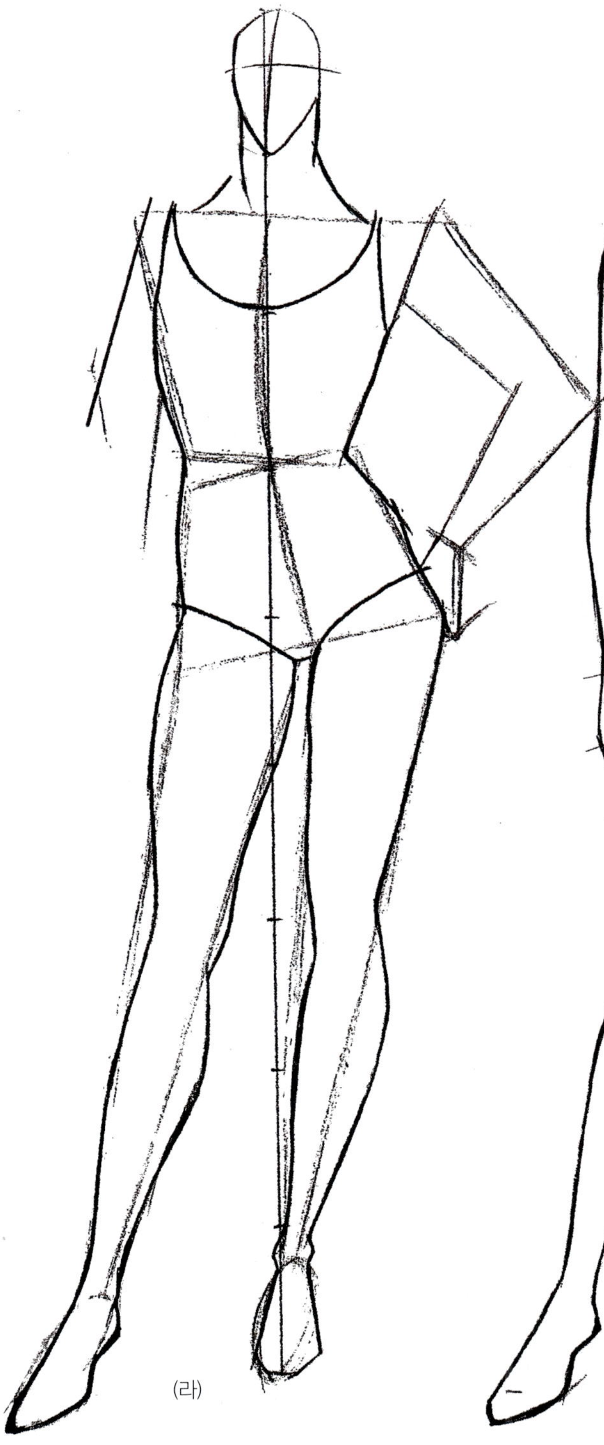

(라)

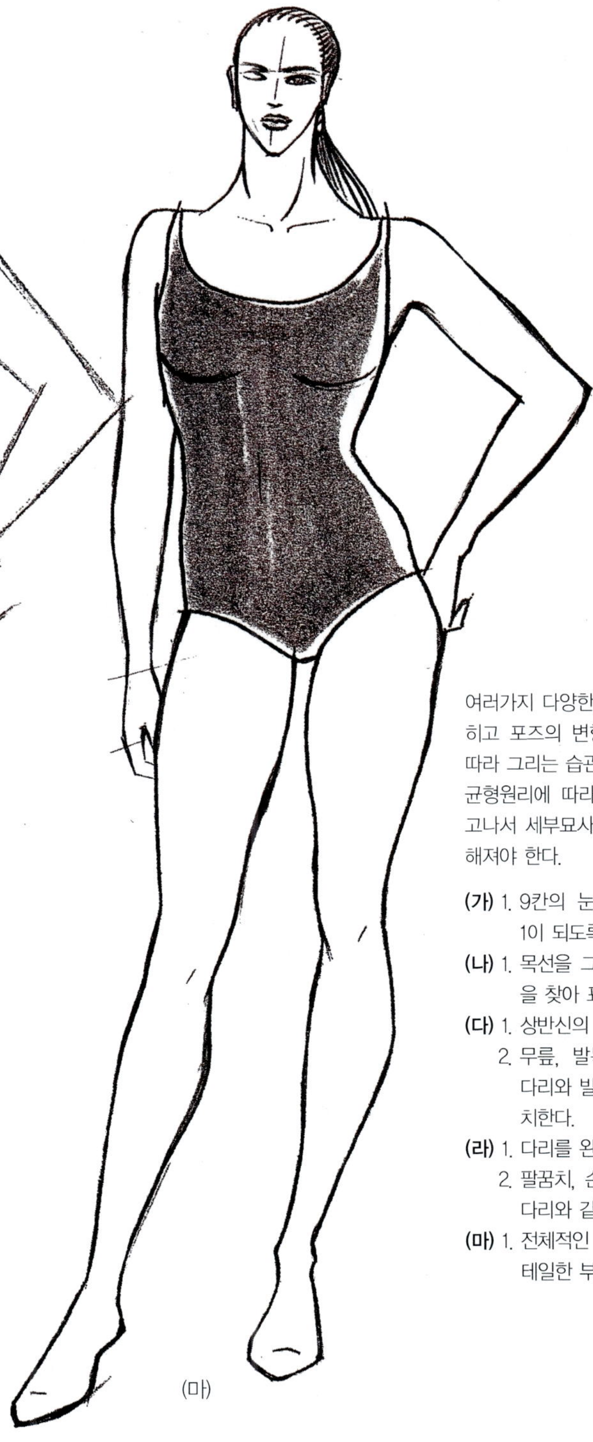

(마)

여러가지 다양한 인체의 프로포션을 익히고 포즈의 변형 역시 일정한 순서에 따라 그리는 습관을 갖는 것이 좋다. 균형원리에 따라 전체 윤곽을 먼저 잡고나서 세부묘사로 좁혀가는 데에 익숙해져야 한다.

(가) 1. 9칸의 눈금표를 만들고 머리가 1이 되도록 그린다.

(나) 1. 목선을 그린다. 어깨, 허리, 힙선을 찾아 표시한다.

(다) 1. 상반신의 형태를 그린다.
2. 무릎, 발목의 위치를 표시하고 다리와 발의 대략의 형태를 스케치한다.

(라) 1. 다리를 완성한다.
2. 팔꿈치, 손목의 위치를 표시하고 다리와 같은 순서로 그린다.

(마) 1. 전체적인 발란스를 확인한 후 디테일한 부분을 섬세하게 그린다.

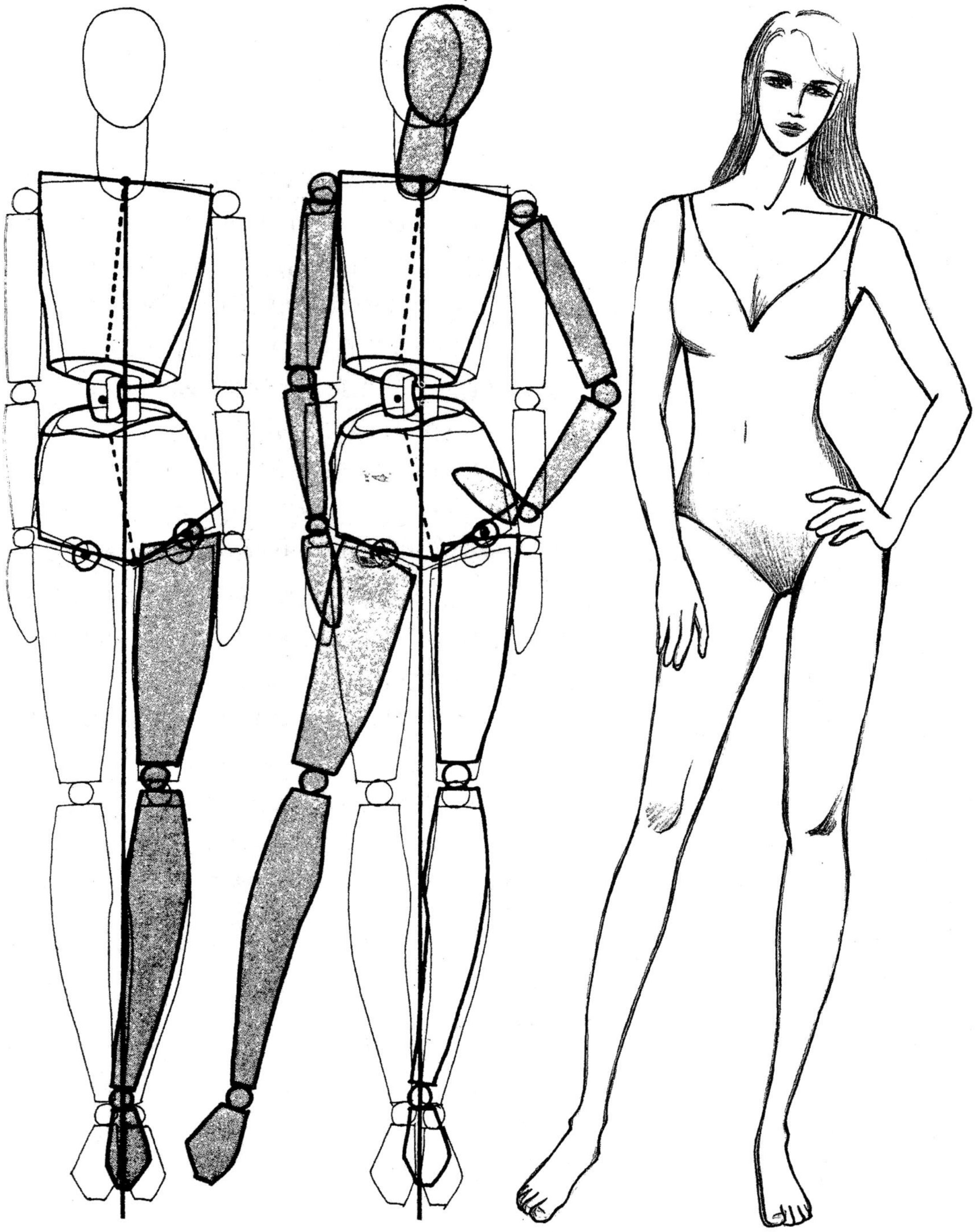

무게중심 무게중심

인체가 움직이더라도 인체의 무게를 지탱하는 무게 중심선은 수직 방향으로 무게를 지탱해 주어야 한다.

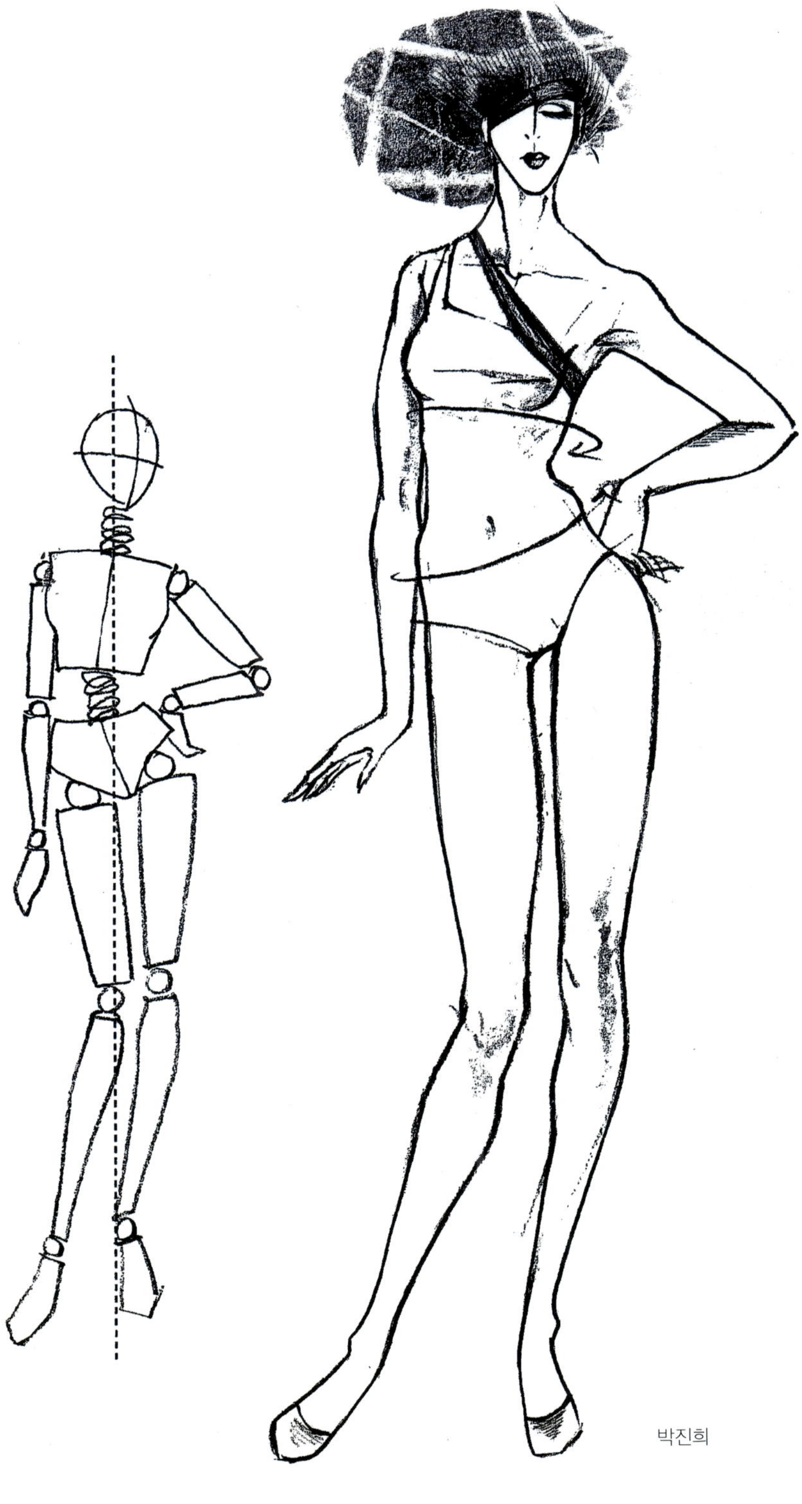

박진희

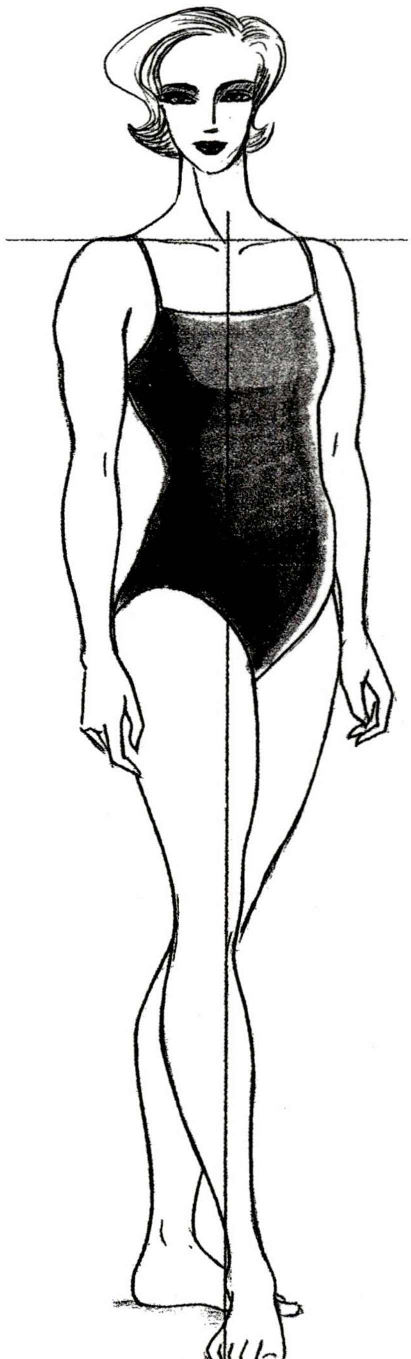

무게중심

02 바디 페인팅

바디페인팅은 인체의 전신에 컨셉에 맞는 그림을 그리는 작업으로 작업시간이 오래 소요된다. 바디페인팅은 뷰티 메이크업의 세부적인 묘사보다는 전체적인 이미지와 면구성 색상 대비가 더 중요하다. 바디페인팅은 모델에게 바로 시술에 들어가게 되면 수정 작업이 어렵고 시간이 너무 오래 걸리기 때문에 컨셉(concept)에 맞는 시안 작업을 먼저 하고 테스트를 통해 작업의 결과물이 원하는 이미지로 표현 되는 지를 테스트 한 후, 수정 보완 작업을 통하여 작품의 완성도를 높여야 한다.
그렇기 때문에 그 어떤 디자인 보다도 바디페인팅의 디자인 작업도인 일러스트레이션이 중요하다. 일러스트레이션을 통해 색상과 전체적인 구성, 디자인 포인트와 표현을 위한 재료와 도구 등이 무엇인지에 대해 미리 정할 수 있다.

1. 바디 페인팅 시안 작업 과정

바디 페인팅을 디자인하기 위해서는 컨셉에 따른아이디어를 구체화하기 위해 적합한 이미지 수집이 중요하다. 정리된 이미지 자료를 토대로 본인의 컨셉에 맞는 디자인을 일러스트로 표현하면서 디자인 포인트가 그려질 바디의 위치를 정한다. 이 때, 컨셉에서 중요한 이미지와 가장 중앙 부분에 위치할 디자인을 먼저 선택하고 세부적인 부분은 면과 면을 연결하는 디자인으로 선택하는 것이 좋다. 또한 입체적인 표현을 위해 앞과 뒤 모두를 디자인 하여야 하며 모델의 포즈와 배경에 따라서 다른 이미지를 줄 수 있으므로 이 모든 것을 함께 기획하여야 한다.

Tip. 컨셉에 따른 이미지 칼라 정하기

바디페인팅은 신체의 모든 면이 보여 지기 때문에 전체적인 이미지 디자인 배열과 색채 계획이 중요하다. 컨셉에 맞는 주조색(main color), 보조색(sub color), 강조색(point color)을 정하고 사용할 면의 비율을 고려하여 사용하는 것이 효과적이다. 컨셉에 따라선 다양한 색을 사용하는 것이 효과적으로 보일수 있지만 무분별한 색의 사용은 의도한 컨셉이 색에 의해 이미지가 약화되거나 산만해 보일 수 있으므로 전체적인 색과 톤을 맞추는 것이 중요하다.

바디페인팅 기획, 아이디어 정리

기획 회의 컨셉 선정	아이디어를 구체화하는 단계이므로 컨셉에 적합한 다양한 자료수집이 요구된다.
이미지 수집과 색상 선택	작가가 표현 하고자 하는 작품의 모티브가 될 수 있는 자료를 모아 이미지 맵을 만들고 새롭게 구상하여 작품의 컨셉과 색상을 정한다.
이미지 맵 아이디어 정리	아이디어 스케치를 통해 작품의 전체적인 이미지와 생각을 정리하고 바디페인팅 일러스트레이션은 앞과 뒤 모두를 그려 주도록 한다.
재료, 도구, 소품 정리	수집한 이미지에서 디자인 포인트로 응용할 수 있는 모티브를 선정하고 전체적인 색감과 필요한 재료, 도구 등을 결정하고 그 외 필요한 소품 등을 챙기고 작품의 이미지를 사진으로 남길 경우엔 작품의 배경과 조명까지 구상하면서 전체적인 이미지를 적합하게 적용시킨다.
디자인 전체조화 확인	완성된 작품의 색상과 배경, 모델의 포즈 등 시각적인 조화와 연출을 통해 완성도를 높인다.

최지나

착시현상(Illusion)을 표현한 작품
http://go.funpic.hu

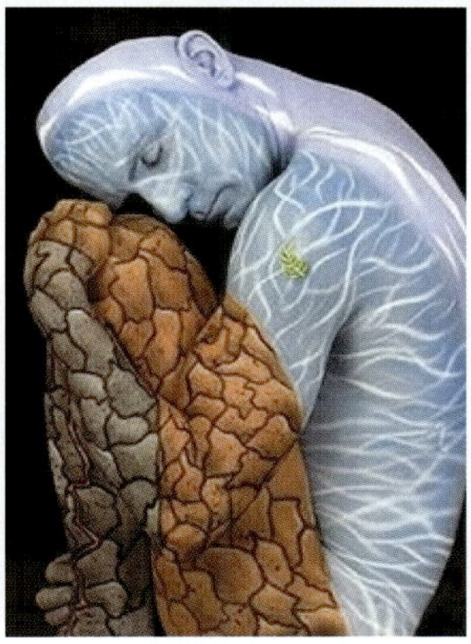

부조물을 사용한 작품

최지나 바디페인팅

한국과 일본 미국 등에서 메이크업 과 바디페인팅을 공부하고 활발히 활동하고 있는 작가이다.

CF나 광고등에서도 그녀의 작품을 쉽게 접할 정도로 친숙하며 인체를 자신의 미적인 감성으로 표현한다.

" Bodypainting은 인체의 아름다움을 가장 잘 표현 할 수 있는 예술이다."라고 하였으며 그녀는 인체에 직접 그림을 그린다.

KoreaBodypainting.com

작품 I 사막

기획 의도 사막이 가지는 황량함과 메마름, 죽음 등의 이미지를 표현하고자 하였으며, 사막만이 가지는 모래빛깔과 잎사귀조차 얼마남지 않은 나무 등의 느낌을 나타내고자 하였다. 메말라 건조하여 바닥이 갈라지는 이미지를 표현하고자 한다.

이미지 수집 사막석양, 가뭄, 사막의 전체적 풍경 등의 이미지를 수집하였다.

아이디어 정리 사막의 가뭄을 모티브로 하여 바디의 전체적으로 가뭄을 나타내고 브라운, 퍼플 등으로 사막의 색깔을 표현하고자 하였다.

스케치 요동도 하지 않는 멈춰버린 이미지를 표현하고자 모델은 동상처럼 정지해 있다. 눈을 감고 아무런 감정도 없이 배경과 하나가 될 수 있도록 표현하였다.

디자인 전체조화 완성 사막과 동일화된 이미지를 연출할 수 있도록 배경과 작품을 같은 색감으로 묶어 표현하였다. 사막에서 다 말라버린 나무를 연상시킨다.

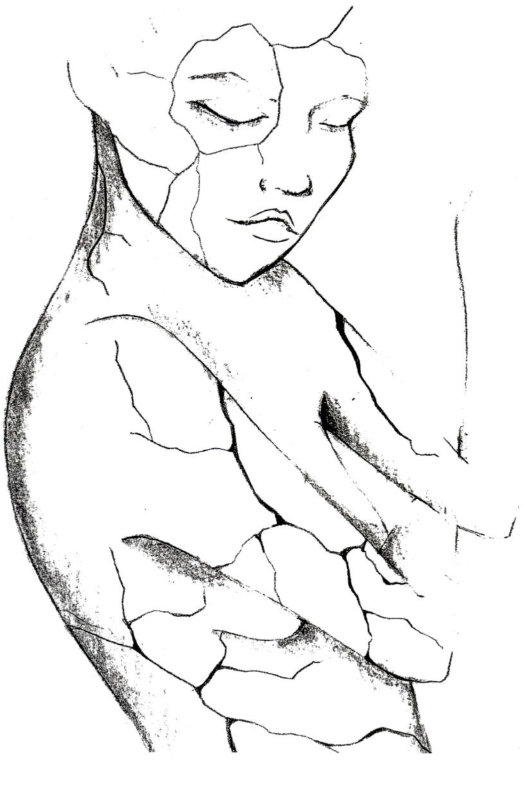

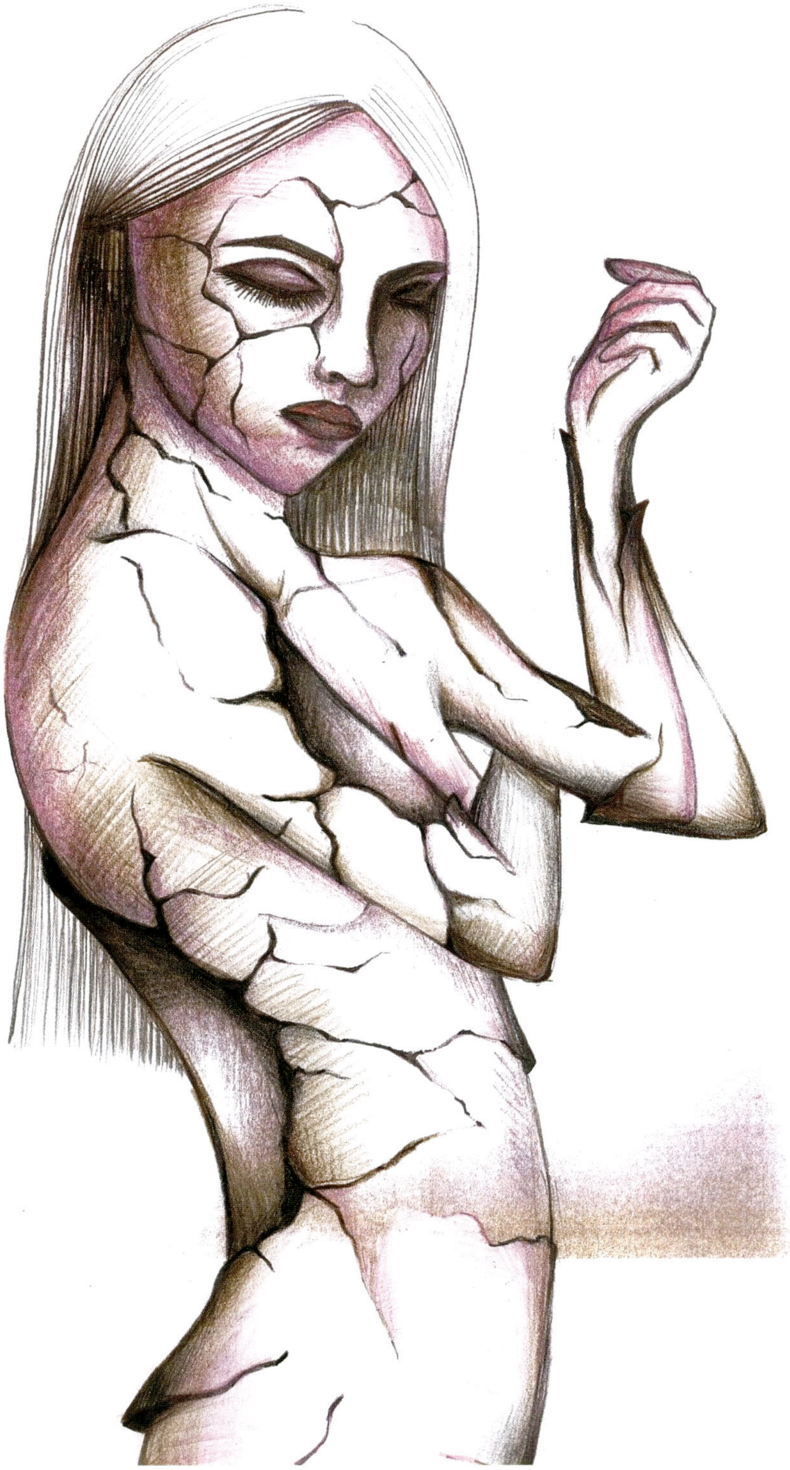

경지영

작품 Ⅱ 바실리스크(basilisk)

기획 의도 '뱀'이라는 동물이 가지는 차갑고도 음산한 느낌과 더불어, 뱀 특유의 화려하고 반짝거리면서도 어두운 스킨을 표현하고자 하였다. 더불어 헤어는 화려한 꽃과 새의 깃털 이미지를 가미하여 두가지의 상반되지만 화려한 이미지가 조화롭게 융화될 수 있도록 색감을 맞추어 사용하였다.

이미지 수집 다양한 무늬, 칼러의 뱀, 꽃 이미지, 새의 깃털

아이디어 정리 바디는 뱀의 이미지를 표현하고자 퍼플, 청록색 등의 컬러를 사용하고 뱀의 가죽 느낌을 살리고자 하였다. 헤어는 새의 깃털과 꽃부분을 살려 핑크, 옐로우, 레드 등의 꽃의 색감을 전체적인 톤(tone)을 정리하여 연출하였다.

스케치 뱀이라는 테마에서 느껴지는 여성적이고 감각적인 느낌을 표현하고자 두명의 모델로 표현하였다. 모델에게서 풍겨지는 오묘한 미소를 통해 이미지를 전달하고자 하였다.

디자인 전체조화 완성 전체적인 색감을 저채도의 그레이쉬를 사용하여 세련된 이미지를 주고자 하였다. 두가지의 화려한 주제를 색감과 정적인 모델의 이미지로 조화롭게 연출하였다.

신예슬

작품 Ⅲ 눈의 여왕

기획 의도 안드레센의 동화 '눈의 여왕'을 모티브로 하여, 아름답고 완벽하지만 눈이 주는 이미지처럼 차갑고 범접할 수 없는 여왕을 나타내고자 하였다. '눈의 여왕'이 주는 신비로움과 무시무시한 힘을 발휘하는 여왕의 느낌을 살려내고자 한다.

이미지 수집 눈에 관련된 이미지, 남극, 오로라, 눈송이 등을 수집하였다.

아이디어 정리 기본적으로 눈의 하얀색을 메인 컬러로 하여 전체적인 바디와 헤어를 하얗게 만들었으나, 그외에도 차가운 퍼플, 블루 등의 컬러를 적절히 배분하여 요정의 느낌을 살렸다. 속눈썹도 하얗고 최대한 화려한 것으로 차가운 이미지를 주고자 한다.

스케치 도도한 여성의 이미지와 강렬한 눈빛을 표현하기 위해 차갑게 응시하는 자태의 포즈를 설정하였다.

디자인 전체조화 완성 흰색이 전체적인 주조색을 이루지만 차가운 남색과 보라색으로 오로라의 화려한 이미지를 전달할 수 있도록 눈의 결정의 패턴에 색을 넣어 사용하였다.

장예수

작품 Ⅳ 심해의 정령

기획 의도 **기획의도** '바다'와 '바다의 다양한 생명체'를 모티브로 하여, 바다를 지키는 수호신의 느낌을 표현하고자 하였다. 바다가 주는 생동감과 다양한 산호초, 물고들의 색감을 표현하였다.

이미지 수집 산호초, 해파리, 바다의 색, 심해 등

아이디어 정리 화이트, 블루, 퍼플 등을 사용하여 바다가 가지는 컬러를 바다에 전반적으로 깔고, 오렌지, 레드 등으로 산호, 바다 식물의 느낌을 표현함. 헤어도 레드에 흐르는 느낌과 풍성함을 살려 마치 바닷물에 흐르는 모습으로 표현하였으며 두가지의 작품으로 이미지를 조금은 다르게 표현하기 위해 하나는 정적으로 하나의 동적인 이미지로 표현하였다.

스케치 ① 아직 깨어나지 않은 정령, 깊은 바닷속에서 아주 긴 꿈을 꾸는 듯한 이미지를 연출하고자 했고, 인체를 고무처럼 표현하고자 하였다.
② 바닷속에서 자유롭게 삶을 풍미하는 모습으로 바다와 정령이 하나가 되어 동일시 되는 이미지를 주고자하였다.

디자인 전체조화 완성 바다속 이미지를 빛에 의해 아름답고 신비로운 색감으로 연출되어지는 것을 작품에 보여주고자 여러가지 다양하고 다채로운 색을 사용하였다. 산호에서 나타나는 패턴과 자유로운 물결의 자유곡선을 아름답게 배치하여 정령의 신비로운 이미지와 융화되도록 이미지화 하였다.

최주희

2. 다양한 바디페인팅 표현기법

바디페인팅은 작업자체가 일러스트레이션 작업이 주를 이루기 때문에 바디페인팅 일러스트레이션 시안에서 부터 작품의 이미지가 결정된다고 할 수 있다. 다만 평면의 일러스트레이션을 인체라는 3D 입체물에 표현해야 하는 것과, 페인팅 외에 다양한 부조물을 사용하여 작품의 이미지를 극대화 시킬 수 있다. 작가들의 작품을 통해 다양한 바디 페인팅 작품을 살펴보면 다음과 같다.

표현기법 – 핑거페인팅 (finger – painting)

손가락이나 손바닥에 물감을 묻혀 그림을 그리는 회화 기법
http://cafe.naver.com.fireorc/87

Animal Art

동물의 이미지, 여러가지 털 소재와 실리콘 소재로 얼굴의 골격을 과장되게 표현함.

바디페인팅 표현 순서

면 분할(바디 위에 라인 그리기)

작품에 어울리는 모델 결정 후 베이스 작업을 한다. 주제를 중심으로 면을 나눌 수 있는 가장 대표적인 선을 보고자 하는 시점에서 그리며 전체적인 면의 비율이 조화로운지 점검한다. 바디에 컬러 펜슬을 이용하여 면적을 나누는 기준선부터 그린다.

↓

디자인 포인트 위치 선정

가장 강조 되어야 할 부분인 디자인 포인트를 전체적인 인체의 형에 맞추어 가장 효과적인 디자인이 되도록 그려주고, 세부적인 선을 인체의 굴곡에 따라 그린다. 전체적인 컬러링 순서를 정리하며 사용할 도구가 원하는 결과물과 일치하는지 재 확인한다.

↓

채색(연한 색부터 진한 색으로)

넓은 부분부터 연한 색을 시작으로 어두운 색으로 채색하거나 에어브러시를 이용하여 베이스를 채색하고 그라데이션 한다. 종이와 달리 피부에 표현 할때는 피부의 색에 따라 표현하는 색상이 달라질 수 있으므로 피부의 전체적인 색감과 톤을 고려하여 채색하도록 한다. 중간색을 이용하여 입체감 있게 표현하고 진한 색상은 꼼꼼하게 면과 면의 경계를 정리하듯 채색한다.

↓

디테일 표현(세필 붓, 재료)

세부적인 표현은 세필 붓을 이용하여 포인트를 표현하며 화이트나 밝은 색으로 다시한번 입체감을 살려준다. 작품 위에 올라갈 부조물이나 여러가지 재료를 배합하고 하고자 하는 디자인이 잘 표현 되었는지 확인한다. 색감과 표현의 정도 등을 검토한다.

↓

전체적 조화와 완성(사진 촬영)

작품의 성격에 맞도록 조화롭게 완성한다. 사진 촬영은 모델의 표정, 자세, 앵글의 위치, 조명, 배경에 따라 작품의 완성도가 달라지므로 기획의 단계에서 부터 고려하여 작품을 제작하여 의도한 이미지가 보여지도록 한다. 사진 촬영 후 보정 작업을 통해 작품의 완성도를 높이도록 한다.

Natalia Pavlova

모스크바의 인터내셔날 메이크업 아티스트이자 크리에이티브 디렉터인 나탈리아 파블로바는 메이크업과 바디페인팅 국제 심사위원으로 활동하고 있다. 스트로가노브 예술대학교 미술대학에서 그림을 전공한 후 헤어 디자인과 코스메틱에서 활동하였기 때문에 그녀의 작품은 매우 회화적이며 아이디어가 신선하다.

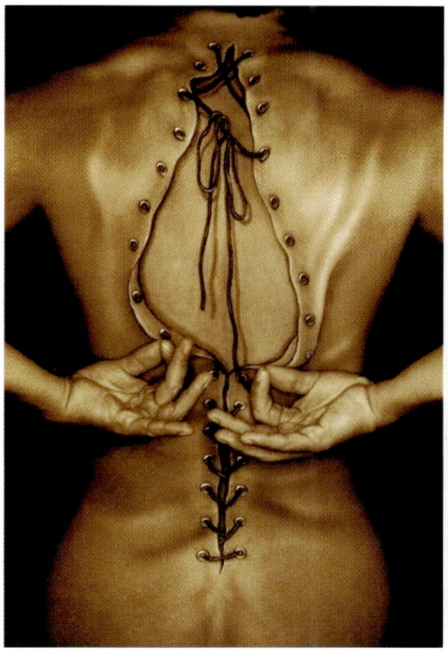

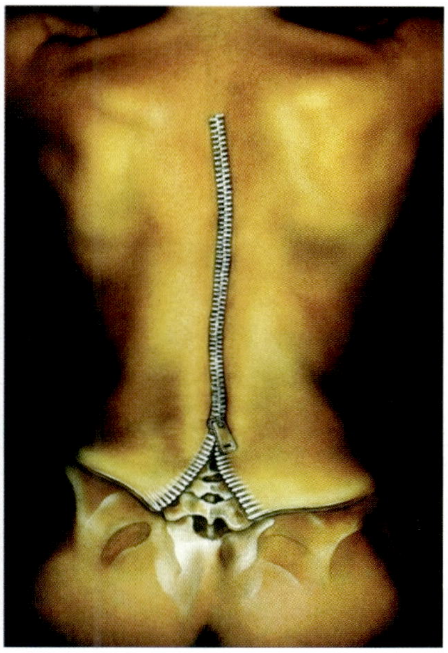

착시 현상을 일으키는 회화적인 기법 – 최지나 바디 페인팅

동상처럼 보이도록 음영감 표현

배경과 구분이 되지 않도록 색을 사용

의상, 헤어, 메이크업, 바디페인팅이 한데 어우러진 화려한 모습
2009 대구 바디페인팅 페스티벌 'paradise'의 작품으로 바디페인팅과 의상을 연출하여 환타지를 연출한 작품

/참/고/문/헌/

김상, Fashion Illustration, 경춘사, 2001
김시찬, 한정아 외 3명, 뷰티 일러스트레이션, 현문사, 2010
김주경, 박소정 외 2명, 뷰티 일러스트레이션, 훈민사, 2009
김지연, MAKE UP FANTASY, KUKJE BOOKS, 2008
김진한, 색채의 원리, 시공사, 2002
김효정, 강명주 외 3명, 뷰티 일러스트레이션, 청구문화사, 2009
류영미, 효과적인 메이크업을 위한 색채연구, 한국 미용 학회지, 2000
박미래, 패션일러스트레이션기초, 도서출판 이즘, 1993
박진희, FASHION ILLUSTRATION, 경춘사, 2009
서란숙, 따라하기 쉬운 뷰티 일러스트레이션, 청구문화사, 2003
신향선, 패션 & 뷰티를 위한 Color Image Making, 도서출판국제, 2003
스에나가 타미오, 색채심리, 박필임 옮김, 예경, 2001
연문희, Fashion llustration for ARTIST, 교학연구사, 2005
우윤정, Fashion llustration, 한국산업인력공단, 2006
이민아 (2001), 한국여성의 피부색 분류와 선호색에 관한 연구, 인하대학교 대학원 석사학위논문
이선주(2000), 메이크업에 있어서 색채의 효과와 표현방법에관한 연구, 한성대학교 대학원 석사학위논문
임여경, 뷰티 일러스트레이션, 광문각, 2011
정해선, DRAWING 교학연구사, 2010
천지연 외8명, FACES in make-up, 청구문화사, 2009
한국 색채학회, 컬러리스트, 국제, 2002
한지수, COLORIST, 경춘사, 2011
BINA ABLING 저, 이금희 역, FASHION SKETCHBOOK, 경춘사, 1999
Tiziana Paci, LA FIGURA nella MODA, IKON Editrice srl, 2000
Pasker Willian, Fashion Drawing in Vogue, Devon & Bower, 1989

www.naver.com
www.atelierkorea.com
www.koreabodypainting.com/최지나 바디페인팅
http://vi.sualize.us/niaidia_by_mycharliegirl_deviantart_girl_illustration_drawing_woman_picture_4LCj.html
http://passionforfashionart.blogspot.kr/2011/02/female.html
http://www.swide.com/luxury-magazine/Faces/Artists/joshua-david-mckenney-illustration-romantic-images-with-a-touch-of-glamour/2012/4/28
http://mrstextiles.com/?p=1231
http://www.illustrationweb.com/artists

이외에도 메이크업 참고 사진으로 여러 블러그와 인터넷 자료의 이미지 사진을 참고하였습니다. 일러스트레이션의 이해를 돕기위한 이미지 사진으로 작품사용을 허락해 주시길 부탁드립니다.

국립중앙도서관 출판시도서목록(CIP)

뷰티 일러스트레이션 = Beauty illustration / 지은이: 한지수
— 서울 : 경춘사, 2013
p. ; cm

참고문헌 수록
ISBN 978-89-5895-112-4 93590 : ₩23000

미용[美容]
일러스트레이션[illustration]

593.2024-KDC5
646.72022-DDC21 CIP2013013497

BEAUTY ILLUSTRATION

뷰티 일러스트레이션

지은이 한지수
발행인 안중기
발행처 도서출판 경춘사
등록번호 제10-153(1987. 11. 28)

인쇄 2013년 8월 10일
발행 2013년 8월 25일

서울 특별시 마포구 공덕 1동 117-25
경춘빌딩 101호

전화 716-2502, 714-5246
팩스 704-0688

값 23,000원

ISBN 978-89-5895-112-4 93590